營養學博士、管理營養師
上田玲子 ／監修
料理研究家、營養師
落合貴子 ／食譜製作

林慧雯／譯

366天營養主副食品照著做就對了！

適用 0～2歲

250道 冰磚 ＋ 手指食物 ＋ 親子共食 料理
主食、副食、配菜、點心 快速上桌！

はじめてママ&パパの
見てマネするだけ366日の離乳食

新手父母

Part 2　7～8個月左右 小口吞嚥期的副食品食譜

五倍粥＋鰹魚風味青花菜豆腐羹 p.52

46　前期　適合的食材

小口吞嚥期前期 適合的食材 實際大小 一次的合適分量

營養來源
- 能量來源食品家族
- 維生素、礦物質來源食品家族
- 蛋白質來源食品家族

49　要給寶寶吃多少量？

餐點的實際大小

- 奇異果優格
- 高湯蔬菜
- 鮭魚粥

50　前期　1 week 餐點

Mon. 五倍粥＋雞柳菠菜羹／海苔豆香粥＋南瓜優格　50
Tue. 豆腐蔬菜烏龍麵丁＋草莓泥／五倍粥佐鰹魚海苔粉＋鮭魚蘿蔔泥　51
Wed. 番茄鮪魚丼／五倍粥＋鰹魚風味青花菜豆腐羹　52
Thu. 蛋黃粥＋魩仔魚高麗菜泥／南瓜雞柳烏龍麵丁　53
Fri. 五倍粥＋豆香蘿蔔泥湯／馬鈴薯鮭魚烏龍麵丁　54
Sat. 香蕉胡蘿蔔麵包粥／彩椒魩仔魚粥＋豆腐拌菠菜泥　55
Sun. 鮪魚拌馬鈴薯泥＋番茄菠菜湯／青花菜蛋黃麵包粥　56

南瓜雞柳烏龍麵丁 p.53

57　後期　餐點日曆

高麗菜鮭魚粥 p.58

58　三合一餐點：一道就備齊三種營養來源
高麗菜鮭魚粥、豆腐蔬菜湯麵線、胡蘿蔔雞柳丼、豆香蘿蔔泥烏龍麵、鮪魚菠菜麵包粥、番茄蛋黃麵包粥、南瓜玉米片優格、青花菜魩仔魚玉米片

60　主菜
雙色蘿蔔泥豆腐、豆香高麗菜丁、奶香鮪魚菠菜、鮪魚番茄煮豆腐、南瓜雞肉羹、青花菜雞肉羹、水煮蛋馬鈴薯沙拉、高麗菜蘿蔔拌蛋黃

水煮蛋馬鈴薯沙拉 p.61

62　配菜＆甜點
南瓜濃湯、番茄高麗菜湯、奶香白菜、番茄蘋果沙拉、水果優格

水果優格 p.62

Part 3　9～11個月左右 練習咀嚼期的副食品食譜

親子一起享用！
親子分食食譜
蛤蜊巧達湯佐麵包 p.76

64　前期　適合的食材

就是這麼大！
練習咀嚼期前期
適合的食材
實際大小
一次的合適分量

營養來源
● 能量來源食品家族
● 維生素、礦物質來源食品家族
● 蛋白質來源食品家族

67　要給寶寶吃多少量？

餐點的實際大小

● 蔬菜肉丸湯
● 香蕉片
● 胡蘿蔔軟飯

用手拿著吃
義式蔬菜湯＋法式吐司佐香蕉 p.72

68　前期　1 week 餐點

Mon. 蛋花烏龍麵／五倍粥 ✚ 寶寶版牛肉滷豆腐／茄子胡蘿蔔味噌湯 ✚ 羊栖菜豆香丼　68
Tue. 南瓜麵包布丁 ✚ 番茄小黃瓜沙拉／豆腐青江菜燴飯／胡蘿蔔炊飯 ✚ 青花菜燉雞肝　70
Wed. 菠菜蛋花湯 ✚ 小黃瓜魩仔魚丼／蔬菜絞肉炒麵線／地瓜豆腐焗飯 ✚ 糖漬胡蘿蔔片　71
Thu. 義式蔬菜湯 ✚ 法式吐司佐香蕉／五倍粥 ✚ 蔬菜肉丸湯／五倍粥 ✚ 清爽海鮮什錦鍋　72
Fri. 水煮蛋燉飯 ✚ 手拿水果（草莓）／雞肉丸烏龍麵／鹽烤竹筴魚丼 ✚ 洋蔥馬鈴薯味噌湯　74
Sat. 南瓜燉雞絞肉 ✚ 五倍粥佐鰹魚片／豆香炒飯 ✚ 水煮蔬菜棒／奶油烤蕪菁 ✚ 鮭魚高麗菜義大利麵　75
Sun. 蛤蜊巧達湯佐麵包／羊栖菜黃豆粥 ✚ 彩椒茄子佐鰹魚片／高麗菜洋蔥清湯 ✚ 寶寶三色丼　76

78　後期　餐點日曆

80　**三合一餐點：一道就備齊三種營養來源**
番茄鮪魚焗飯、繽紛麻婆豆腐丼、高麗菜雞柳煎餅、手拿胡蘿蔔魚香烏龍麵、蕪菁鮭魚湯麵、絞肉蘿蔔泥烏龍麵、番茄黃瓜湯麵線、番茄洋蔥義大利麵、菠菜和風義大利麵、奶香肉丸義大利麵、香蕉豆漿玉米片、玉米起司吐司、南瓜鮪魚三明治捲、吐司盤佐鮪魚優格醬

用手拿著吃
南瓜鮪魚三明治捲 p.83

用手拿著吃
奶油煎蘋果＆香蕉 p.90

84　**主菜**
鮪魚菠菜煎餅、竹筴魚丸湯、鮮蔬鯛魚鍋、免炸可樂餅、茄汁燉肉丸、雞肉玉米濃湯、豆腐漢堡排、涼拌蕃茄小黃瓜、豆腐肉丸燉蔬菜、蒸煮蔬菜豆腐丁、蒸南瓜豆腐、焗烤鮪魚高麗菜、寶寶茶碗蒸、寶寶彩椒歐姆蛋

88　**配菜＆甜點**
羊栖菜寒天沙拉、浸煮小松菜、奶油煎青花菜、番茄南瓜沙拉、蔬菜味噌湯、地瓜豆漿濃湯、柳橙糖漬胡蘿蔔、草莓薄片奶

90　**點心**
奶香地瓜泥丸、奶油煎蘋果＆香蕉

Part 4　1歲～1歲6個月左右 大口享用期的副食品食譜

92　前期　適合的食材

就是這麼大！
大口享用期**前期**
適合的食材
實際大小
一次的合適分量

營養來源
- ● 能量來源食品家族
- ● 維生素、礦物質來源食品家族
- ● 蛋白質來源食品家族

95　要給寶寶吃多少量？

餐點的
實際大小

- ● 番茄燉鰤魚
- ● 哈密瓜薄片
- ● 香煎飯糰

用手拿著吃

吐司披薩＋手拿水果
p.102

96　前期　1week 餐點

Mon. 吐司鹹派／寶寶牛丼 ⊕ 蔬菜棒沙拉／軟飯 ⊕ 照燒鰤魚 ⊕ 秋葵味噌湯 96
Tue. 鰹魚軟飯煎餅 ⊕ 番茄歐姆蛋／豬絞肉高麗菜大阪燒 ⊕ 手拿水果（奇異果）／馬鈴薯鮭魚飯 ⊕ 豆芽菜拌韭菜 98
Wed. 蕪菁昆布絲清湯 ⊕ 魚肉香腸丼／雞肝肉醬義大利麵／軟飯＆寶寶香鬆 ⊕ 萵苣燒賣 99
Thu. 寶寶親子丼 ⊕ 金針菇高麗菜湯／鯖魚炒麵 ⊕ 手拿水果（香蕉）／什錦中華丼 100
Fri. 吐司披薩 ⊕ 手拿水果（蜜柑）／軟飯＆昆布絲 ⊕ 馬鈴薯燉絞肉／軟飯 ⊕ 海苔拌菠菜 ⊕ 豆腐雞肉餅 102
Sat. 奶油炊飯 ⊕ 高野豆腐燉菜／培根蛋黃烏龍麵／軟飯＆海苔佃煮 ⊕ 漢堡排佐燙菜豆 103
Sun. 蛋包飯／旗魚番茄義大利麵／軟飯 ⊕ 胡蘿蔔炒魩仔魚 ⊕ 豆腐菠菜味噌湯 104

106　後期　餐點日曆

108　 三合一餐點：一道就備齊三種營養來源

胡蘿蔔奶香焗飯、高麗菜炒蛋飯糰、牛肉炒飯、小黃瓜起司捲、彩椒鮭魚麵線煎餅、八寶菜燴烏龍麵、寶寶涼麵、秋葵雞肉義大利湯麵、奶油玉米鮪魚義大利麵、番茄炒蛋義大利麵、義式地瓜麵疙瘩、鮪魚口袋三明治、鬆餅佐南瓜抹醬、黃豆粉吐司佐蔬菜棒

鰹魚軟飯煎餅＋番茄歐姆蛋
p.98

培根蛋黃烏龍麵 p.103

秋葵雞肉義大利湯麵 p.110

112 🥬 **主菜**
酥炸鯖魚、高麗菜番茄蒸烤白肉魚、白菜燉鰤魚、黃豆燉豬肉、韭菜炒雞肝、醋醬雞腿蘿蔔湯、青花菜肉捲、彩椒天婦羅、青蔬燴豆腐、豆香蘿蔔煎餅、菇菇豆腐炒蛋、高麗菜炒高野豆腐、蔬菜蛋捲、菠菜起司炒蛋

圓滾滾番茄馬鈴薯 p.116

116 🥬 **配菜&甜點**
玉米拌青花菜、炸胡蘿蔔、圓滾滾番茄馬鈴薯、炸南瓜、菇菇湯、玉米濃湯、熱蘋果、番茄優格沙拉

118 🥬 **點心**
黃豆粉通心麵、蔬菜鯽仔魚蒸糕、番茄柳橙寒天凍、水果佐卡士達醬、燕麥麵包、餅乾&葡萄乾優格沾醬

餅乾&葡萄乾沾醬 p.119

親子一起享用！
親子分食食譜
蛋包飯 p.104

120 副食品的疑難雜症！解決之道 **Q&A** 這種時候該怎麼辦呢？
122 到了哪個階段才能吃？食材一覽表　使用於副食品的食材
126 ❌ 不可以吃的食材、⚠️ 要小心給的食材
127 便利商店食品&速食的 ⭕⚠️❌
128 副食品中的調味料&油脂 ⭕⚠️❌

5~6個月左右
初期咕嚕咕嚕

7~8個月左右
中期小口吞嚥

9~11個月左右
後期練習咀嚼

1歲~1歲6個月左右
幼兒期大口享用

副食品是
為了讓寶寶漸漸
習慣吃下食物的練習。

為了讓身體各部位功能都尚未成熟的小寶寶順利吸收營養，
必須將副食品煮得特別軟爛或是壓碎、切成碎粒等，
幫助小寶寶更容易將營養的食物吃下肚。
但製作副食品的步驟與平時大人吃的料理差異實在太大，
有時候不免會令人感到迷惘……

所以，這本書就要讓────
實際製作副食品的爸爸媽媽們一看就能掌握：

「差不多的分量」、「差不多的大小」，
書中的圖片就是 **實際大小的食材與餐點**。
一年 366 天，每天都**「只要模仿照做」**就好，
即使是第一次製作副食品也不必擔心！

此外，
每一位寶寶的個性都不相同。
有些孩子吃得多、有些孩子吃得少、
有些孩子吃得快、有些孩子吃得慢。
請爸爸媽媽們仔細觀察孩子進食的狀況，
隨時調整分量、替換食材，稍微改變菜單也無妨喔！

請大家參考這本書，
陪著孩子按照自己的步伐一起前進吧！

文／主婦之友社　副食品團隊

分為四個階段
進行「用餐」練習

依照孩子的發展給予副食品

5～6個月左右 咕嚕咕嚕期　副食品　1天 **1** 次

**讓寶寶習慣母乳、配方奶之外的味道
咕嚕咕嚕吞下副食品**

這個時期的寶寶

這是寶寶第一次使用湯匙吃東西，用湯匙餵給寶寶比液體再濃稠一些的副食品，當寶寶閉上雙唇咕嚕咕嚕吞下副食品，就大功告成了！由於這個階段寶寶還無法坐穩，請將寶寶抱在爸爸媽媽的膝蓋上，或讓寶寶坐在有靠背的兒童餐椅或安撫椅上。

- □ 再過一段時間，寶寶就可以坐穩了
- □ 這時寶寶的舌頭只能前後移動而已
- □ 幾乎所有的寶寶都還沒長出牙齒

滑順的濃湯狀質地

一開始請製作出濃稠滑順的質地，濃稠程度為當湯匙劃過容器時會留下一道刮痕的程度。等到寶寶習慣吃副食品後，則可以嘗試做成彷彿優格般較為紮實的質地，或更黏稠一點也無妨。

副食品的質地

營養來源比例

母乳、配方奶　　　　　副食品
| 90% | 10% | 前期 |
↓
| 80% | 20% | 後期 |

這段時間是讓寶寶適應吃副食品的期間。只要寶寶想喝母乳或配方奶，就給母乳或配方奶也沒關係。

7～8個月左右 小口吞嚥期　副食品　1天 **2** 次

寶寶的舌頭會上下移動用上顎壓碎副食品，並小口吞嚥品嘗副食品的味道

寶寶已經可以用舌頭抵住副食品，往上顎的方向壓碎，再將唾液混合進食物中，品嘗食物的滋味了。要讓孩子確實發展小口吞嚥的動作，最重要的就是要讓寶寶的雙腳可以用力踩住地面。請在地板或椅子上放置一個可以讓寶寶雙腳踩住的檯面，調整身體的高度。

- □ 寶寶已經可以坐得很穩了
- □ 舌頭不只會前後移動、還會上下移動
- □ 有些孩子會開始長出兩顆下門牙

如同嫩豆腐般軟嫩

嫩豆腐最適合用來讓寶寶練習舌頭與上顎壓碎食物的動作。此外，寶寶粥與切碎的蔬菜，也要製作成可以用手指壓碎的軟硬度。比較乾燥的魚類或肉類，則要製作得比較黏稠一些。

營養來源比例

母乳、配方奶　　　　　副食品
| 70% | 30% | 前期 |
↓
| 60% | 40% | 後期 |

到了這個時期，寶寶的食量會開始增加。只在寶寶想要時給予母奶，配方奶1天餵3次左右。

副食品是讓寶寶從吞嚥到學會咀嚼的過渡練習期。學得快的孩子也許只要半年、學得慢的孩子可能會花超過一年的時間，請依照孩子的步調陪孩子一起習慣進食吧！

9～11個月左右 練習咀嚼期

副食品　1天 **3** 次

寶寶已經可以用左右側的牙齦咀嚼食物！也會表現出想用雙手拿取食物的意願

寶寶嘴部附近的肌肉會變得更發達，也會利用舌頭將咬不動的食物左右移動，利用牙齦的力量將食物咬碎吃下。由於此時咬碎的力道還很弱，千萬不要一下子給太硬的副食品。此時孩子會開始對食物感興趣，也會想用手拿取食物來吃。

- □ 學會爬行、扶著物品站立
- □ 開始想要用手「抓住東西」
- □ 舌頭除了前後上下移動之外，還會左右移動
- □ 有些孩子會開始長出兩顆上門牙

可用手指捏碎的香蕉

可以用手指捏碎的香蕉觸感，正是最適合開始用牙齦咬碎食物的階段。請將較硬的蔬菜煮得軟一點，葉菜類蔬菜、魚類及肉類則要製作得比較黏稠一些。

母乳、配方奶　　副食品
| 35-40% | 60～65% | 前期 |
| 30% | 70% | 後期 |

這個時期從副食品與母奶、配方奶獲得的營養比例大逆轉！請留意在餐點中補充鐵質，配方奶1天給兩次左右。

1歲～1歲6個月左右 大口享用期

副食品　1天 **3** 次 +1～2次點心

越來越會用手拿著食物享用！先用門牙咬斷、再用牙齦咬碎食物

運用雙手拿東西吃已經很有經驗了，也已經知道該用門牙咬斷多少食物才是一口的分量，越來越會進食了！如果寶寶對湯匙有興趣，不妨讓寶寶自行拿湯匙，有耐性地陪寶寶慢慢練習。讓寶寶體驗各種軟硬度與口感，寶寶才能學會自行調整咀嚼的方式。

- □ 開始會走路
- □ 開始想要自己使用湯匙
- □ 舌頭可以隨心所欲移動，嘴部周圍的肌肉也很發達
- □ 到了一歲左右，上下門牙都會長齊

可用牙齦咬碎的肉餅

用手指或湯匙稍微施力就能壓碎的扁平狀肉餅，這樣的軟硬度最適合這個階段。後排牙齒要等到2歲半到3歲左右才會長出，在那之前，請將食物控制在肉餅般的硬度。

母乳、配方奶　　副食品
| 25% | 75% | 前期 |
| 20% | 80% | 後期 |

這個時期大部分的營養來自嬰兒食品。這段期間，每日建議的奶量為300至400毫升。

現在就是寶寶學會進食的絕佳時機！

培養孩子的咀嚼能力及自己吃飯

不要只是被動地接受食物，最重要的是要學會自己主動吃！

湯匙不要遞得太深，讓寶寶練習用雙唇含入食物

爸爸媽媽在餵寶寶吃東西時，常會為了不讓食物滴漏出來而將湯匙遞進嘴巴深處。不過，若是將食物遞得太深，寶寶很可能會直接咕嚕咕嚕將食物吞下肚。

要讓寶寶用上唇含住湯匙上的食物，才是餵食時的重點。寶寶的雙唇可以感受到食物的溫度及形狀，再運用舌頭及牙齦練習咀嚼。所以，千萬別讓孩子只是被動地接受食物，而是必須讓寶寶養成自己用上唇含入食物的習慣，自然就能連帶練習咀嚼的動作。

此外，有時突然給予太硬的食材、或一直持續給很軟的食材，都有可能造成寶寶不咀嚼就直接吞嚥。如果還不太確定寶寶是否能練習用舌頭及牙齦咀嚼，不妨以手指捏捏看食材，藉此確認食材的軟硬度是否合適。

當寶寶用上唇含入食物後就將湯匙平行抽離

當寶寶張開嘴巴後，將湯匙放在寶寶的下唇。等寶寶用上唇含入副食品後，就保持平行將湯匙抽離寶寶的嘴邊。

等待幾秒鐘，讓寶寶動動嘴巴吞下食物

寶寶含入副食品後，會自然而然將副食品置於舌頭上，進而帶出咀嚼的動作。等寶寶動動嘴巴吞下食物後，再給寶寶下一匙。

用手指確認食材是否可以用舌頭或牙齦壓碎

可以用舌頭壓碎嗎？
利用不容易出力的「大拇指＋小指」捏住食材，如果可以輕鬆捏碎，就是合適的軟硬度。

可以用牙齦壓碎嗎？
利用「大拇指＋食指」稍微出力，若是可以捏碎食材，就是合適的軟硬度。不要用指尖，而是利用指腹捏壓。

先用門牙咬斷、再反覆咀嚼分泌口水混入食物,最後再吞嚥入肚……對大人而言再簡單也不過了,對寶寶來說卻是非常複雜的動作。在這段時期藉由副食品練習用餐,寶寶一定可以做得越來越好!

副食品的基本概念

練習用手抓著吃,在反覆失敗中學習成長!

為了記住一口分量究竟是多少 嘔吐出來也是很重要的失敗經驗

寶寶藉由「用手抓著吃」,學習將食物從容器裡運送至口中,同時學會掌握位置關係。只要牢牢記住這個動作,接下來使用湯匙的動作也可以很流暢地學會。

寶寶一開始一定會用手抓一大堆食物想要統統塞進嘴裡,身為父母肯定會很擔心。不過,這是非常自然的動作。寶寶必須要有一次塞得太多不禁作嘔的經驗,才能記住一口的分量究竟是多少。就像學騎腳踏車一樣,沒有孩子是不曾摔倒過的。大人此時只要在一旁守護寶寶,別讓寶寶噎著就好。

本書中適合用手拿著吃的副食品,圖片旁都會附上這個標誌。

培養孩子的咀嚼能力及自己吃飯的能力

手指會逐漸發展出「抓」、「捏」的動作

到了7〜8個月左右,寶寶就會伸出雙手觸碰食物、想要研究手上的東西究竟是什麼。到了9個月大,寶寶的整隻手掌就能抓住東西、用大拇指與食指捏住東西,一步步發展出抓捏的動作。

長出門牙後就要練習咬下一口的分量

先挑戰較大的片狀食物

切片蔬菜 p.71

吐司 p.83

到了1歲左右,上下門牙都長齊後,寶寶就可以用門牙咬下一口分量的食物。「較大的片狀食物」最適合讓寶寶練習用門牙咬斷食物。

小鬆餅 p.111

11

用黃、綠、紅食材打造強健身體！

讓孩子吃下營養均衡的餐點

組合三種營養來源，就是「均衡餐點」的基礎

能量來源食品

讓大腦與身體產生活動 帶來力量的泉源

米、麵、麵包、薯類等都含有豐富的「醣類」，可以幫助身體與大腦活動，稱為「主食」。由於寶寶的腸胃器官還尚未發育完成，副食品要從容易消化吸收的米（粥）開始給起。等到寶寶習慣吃米粥後，再給予烏龍麵、麵包（小麥製品）等其它主食。

蛋白質來源食品

製造肌肉、骨骼、血液等身體的基本材料

黃豆製品、魚、肉、蛋、乳製品是五大蛋白質來源食品。雖然蛋白質是成長不可或缺的重要營養素，但由於寶寶的腸胃還不太能消化蛋白質，因此必須好好遵守能給予的階段、並控制適合的分量。本書中一種蛋白質的分量是一餐的分量，若要同時使用蛋與豆腐等兩種蛋白質，記得要將分量各自減半。

維生素、礦物質來源食品

調整最佳身體狀態 協助寶寶健康成長

蔬菜、水果、海藻、菇類中含有豐富的維生素與礦物質，能讓皮膚與黏膜變得更健康，同時也能預防便秘，促進營養素代謝。由於有些維生素與礦物質在人體內無法自行製造，就算有些維生素能自行製造，分量也並不充足，因此，每天的副食品中都要讓寶寶攝取到才行喔！

營養來源

從母乳、配方奶為主的飲食，慢慢轉換成可攝取到三種營養素的餐點

到了寶寶 6 個月大左右，母乳中的營養成分會有大幅度的改變。因此，在寶寶 5～6 個月大時，就應該開始提供副食品補足母乳與配方奶中缺乏的能量及營養素，到了寶寶 9 個月大時，就必須 1 天吃 3 次副食品，攝取食物中的營養素作為主要營養來源。

上述的三種營養來源能同心協力為寶寶打造出健康的身體，因此，平日給寶寶吃營養均衡的餐點非常重要！尤其是母乳中容易缺乏的「鐵質」，若無法從飲食中充分攝取，就很容易造成缺鐵性貧血，恐怕會導致寶寶發展遲緩。請在副食品中採用蛋黃、紅肉、紅肉魚及黃豆製品等食材，為寶寶補充足夠的鐵質。

讓寶寶從餐點中攝取均衡的營養，不要特別偏重或缺乏某種營養素，這跟大人的用餐原則相同。雖然每個人都可能偏食、或有特別的好惡，不過每一餐當中都要各加入一種黃色、綠色及紅色的營養來源喔！

副食品的基本概念

只要各含有一種   的營養來源，只要一道就 OK！

用顏色辨別三種營養來源！

本書中各道副食品含有的主要營養來源，分別用三種顏色標示，一眼就能看出營養分配是否均衡。
（一次若能攝取到超過 1/3 的分量，圖片旁就會標註色塊）

 能量來源

 維生素、礦物質來源

 蛋白質來源

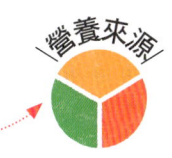

一道副食品就包含三種營養素

宛如丼飯般的副食品，一道就加入了充分的三種營養來源，營養均衡沒問題。

用兩道副食品湊齊三種營養素

使用兩道以上的副食品湊齊三種營養素也沒問題！較匆忙時就做一道副食品、比較從容時則可以增加品項，提供多種變化也不錯。

讓孩子吃下營養均衡的餐點

分量只是「大概」而已

食量大小因人而異，只要觀察寶寶「體重有沒有增加」即可

雖然副食品有所謂的「基本分量」，不過每位寶寶的食慾、個性都差異甚大，每個人不可能都吃相同的分量。與其在意寶寶吃下的分量，不如確認「體重是否增加」更重要。

只要寶寶的體重有按照健康手冊上生長曲線的範圍成長，基本上就不必太擔心。食慾好的寶寶可以再多吃一些、食量小的寶寶就吃可以吃完的分量即可。

■ 這種情況該怎麼辦？ ■

寶寶吃的量太少

如果寶寶只喝母乳、不太吃副食品，鐵質很容易攝取不足。為了避免寶寶產生缺鐵性貧血，不管寶寶食量再小，到了 9 個月大時都一定要 1 天吃 3 次副食品，讓寶寶從餐點中攝取充足的營養。

寶寶還想再吃更多

如果寶寶胃口很好，就先增加蔬菜分量、接著再增加主食的分量。別讓孩子養成吃太快＝吃太多的習慣，餵副食品時不要將湯匙伸進上顎，並替換成比較有口感、有嚼勁的食材等，花點心思改變副食品內容也很重要。

13

延遲嘗試或刻意避免會造成反效果！

食物過敏的解決對策

延遲嘗試並不能預防食物過敏！

過敏的原因在於消化功能尚未成熟 到了6歲後有九成都不會再過敏

一般人會對食物過敏的原因，在於每種食物裡都含有的「蛋白質」。小寶寶之所以容易對食物過敏，是因為寶寶對蛋白質的消化功能尚未發展完全，若是直接吃下大塊的蛋白質，身體會將蛋白質認定為「異物」而產生排斥。

一般而言，蛋、牛奶、小麥是最容易發生過敏反應的食物，有九成的0歲嬰兒會對這些食物發生過敏反應，1歲幼兒約有七成的食物過敏來自於這三大過敏原。不過一般情況下，食物過敏的情形會隨著成長而改善，過了1歲半之後就比較不會過敏了。到了3歲半仍有五成小孩會對蛋及牛奶過敏，一直到6歲就有八到九成的孩子可以放心攝取蛋及牛奶了。

從極少量開始給起 就能從輕微症狀察覺過敏

最近已經證實，如果刻意不給孩子吃某些特定的食物、或故意延遲嘗試，並不能達到預防食物過敏的效果。要是在日常生活中刻意完全不吃某些食物，身體反而會將這種食物判斷為異物，製造出抗體對抗這種食物，因此請在恰當的時期讓孩子開始嘗試。

必須注意的是，就算寶寶很想吃，第一次嘗試的食材一開始也不要給太多。最典型的食物過敏症狀在吃下的15分鐘（最慢2小時之內）就會出現，例如皮膚泛紅、搔癢、嘔吐、拉肚子、呼吸變喘等症狀。只要一開始嘗試時慎重一點，從極少量開始給起，就算有出現症狀也會很輕微，所以不必太過恐懼。

第一次嘗試的食材，先從極少量開始給起

第一次嘗試的食材請先烹調成容易入口的質地，給寶寶極少量嘗試看看。

OK

可以一點一點增加分量
如果寶寶吃下之後身體沒有出現異狀，第一次的挑戰就算是順利過關了。下次可以再稍微增加分量。

這種情況必須就診
☐ 吃完之後，臉或身體立刻長紅疹
☐ 吃下後立刻嘔吐

請仔細告訴醫師，寶寶吃了什麼、出現什麼樣的症狀。

讓寶寶第一次嘗試新食材的留意重點

1 一次只給一種新食材
若是一次給了兩種以上的新食材，當寶寶出現食物過敏的症狀時，就會難以推測出寶寶究竟是對哪一種食材過敏。

2 只給極少量
只給極少量的新食材，寶寶萬一過敏也只會出現「嘴邊突然變紅」的輕微症狀，還是可以察覺出寶寶是否過敏。

3 在寶寶身體狀態良好時嘗試
當寶寶本來就有濕疹或拉肚子等身體狀態不佳時，會讓人難以分辨究竟是原本的症狀還是食物過敏。請在寶寶身體狀態及心情都不錯時，再嘗試新的食材。

4 在可以立刻就醫的時段嘗試
幾乎所有的食物過敏，都會在吃下新食材的15分鐘之內、最慢也會在兩小時內出現症狀。若能讓寶寶在可以立刻就醫的時段嘗試新食材，爸媽也會比較放心。

若是擅自限制孩子攝取、在餐點中排除某些食物，可能使孩子缺乏某些成長所需的營養。
不需要太擔心食物過敏的問題，在適合的時期就開始讓孩子少量嘗試吧！

易過敏的副食品──蛋、小麥、牛奶，該如何開始嘗試呢？

開始嘗試蛋

5～6個月左右
從「全熟的蛋黃」
開始嘗試

蛋會造成食物過敏的原因通常是蛋白中的蛋白質，而蛋黃並不太會引起過敏。因此，副食品建議從蛋黃開始嘗試，等寶寶可以吃下一整顆蛋黃後，再開始嘗試蛋白。蛋需要以較高的溫度、加熱較長的時間，才能降低過敏性，比較不易引起過敏，因此蛋黃請務必加熱到「全熟」的狀態。

將水與蛋放入鍋中加熱15分鐘（或整鍋沸騰後再加熱12分鐘），將蛋黃完全煮熟。

剝除蛋殼，將水煮蛋對半剝開，取出蛋黃。

將蛋黃切成一半，用湯匙從中央刮下少量蛋黃，待沸水降溫後，將少量蛋黃混入溫水中，讓寶寶比較容易食用。

開始嘗試小麥

6～7個月左右
從「烏龍麵」
開始嘗試

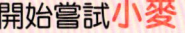
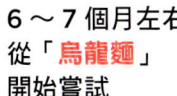

小麥製品之所以會引起過敏，與高筋麵粉、中筋麵粉、低筋麵粉等種類無關，而是與這些製品中含有的「小麥蛋白質含量」有關。雖然「麵包」既方便又容易食用，但含有大量的小麥蛋白質，並不適合在一開始就給寶寶嘗試。一開始要嘗試小麥製品，最適合的就是「烏龍麵」。等到寶寶習慣主食吃粥後，就可以依照烏龍麵、麵包的順序嘗試小麥製品。

開始嘗試副食品前
若出現這些症狀則
必須就醫！

✓ 皮膚上有滲水的濕疹

✓ 除了臉部之外，身體與手腳也有大面積的濕疹

✓ 擦了類固醇藥膏好轉後，又很快再次發作

✓ 當媽媽吃了某些特定食物（例如蛋）後親餵，寶寶會長出濕疹、或濕疹惡化

近年來認為，過敏原從濕疹侵入身體、導致身體製造出抗體，是食物過敏的原因之一。若寶寶有濕疹的情形，一定要先好好治療才行。

開始嘗試牛奶

若一直是**全母乳**
牛奶則須慎重嘗試

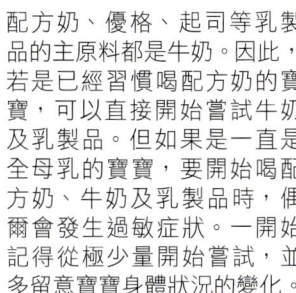

配方奶、優格、起司等乳製品的主原料都是牛奶。因此，若是已經習慣喝配方奶的寶寶，可以直接開始嘗試牛奶及乳製品。但如果是一直是全母乳的寶寶，要開始喝配方奶、牛奶及乳製品時，偶爾會發生過敏症狀。一開始記得從極少量開始嘗試，並多留意寶寶身體狀況的變化。

副食品中的蔬菜及水果
不太會引起過敏症狀

許多有花粉症的學童及成人女性，在吃了生水果及生菜後，唇部或口腔中會產生輕度腫脹、發癢、刺痛等情形，稱之為「口腔過敏症候群」。雖然小寶寶很少出現這種症狀，不過生的水果及蔬菜在加熱後比較不易引起過敏，若是擔心寶寶過敏，可以先將水果及蔬菜加熱。

因加工食品上標示的過敏原
而過敏的病例極為罕見

加工食品明訂需要標示的過敏原有蛋、奶、小麥、蝦、蟹、花生、蕎麥等7項，建議標示的過敏原原則有包含牛肉、雞肉、豬肉等21項，其中也包含目前非常少有過敏情形的食材。因此，請大家要知道「標示含有過敏原並不等於該項食品容易引起過敏」。

15

分別說明副食品常用的食材	## 準備副食品的基本原則
	先去除蔬菜較硬的部分（皮、種籽、莖、梗等），再加熱到變軟為止。魚類、肉類則需去除皮、骨及多餘的脂肪。下面整理了副食品常用食材的處理方式。

南瓜　用微波爐加熱比較方便

用保鮮膜連皮包覆南瓜塊，「100g 加熱 2 分鐘（600W）」。如果分量較少只有 10g，則每隔 30 秒觀察一次加熱情形。

加熱後，用湯匙就能刮下南瓜的黃色部分，輕易去除表皮。建議一次加熱多一點，分成小分冷凍保存。

菠菜　用沸水煮熟，去除澀味

用大量的沸水，將整把菠菜燙到軟嫩為止。接著浸泡於冷水中降溫（去除澀味），擠乾水分後再切碎。

番茄　去皮、去籽

將番茄切成扇形後，再用菜刀剝除表皮、去除種籽。番茄越熟會越甜，請選紅透了的成熟番茄做成副食品。

小番茄　先冷凍再去皮

小番茄先冷凍再泡水，就能輕鬆去皮。比先用沸水煮滾再泡冷水更方便！

青花菜　切成小朵煮久一點

將青花菜切成小朵放入沸水，煮 2～3 分鐘後就可以先將大人要吃的分量撈起，剩下的則繼續煮久一點再做成副食品。

高麗菜・白菜　只燙葉菜部位

切除較硬的根部及菜梗，只使用柔軟的菜葉部位。較硬的部位可以運用在大人的菜餚上。

將菜葉切成大片，放入沸水中煮軟後，靜置放涼。有些菜葉煮過後還是會有較粗的纖維，可配合孩子的成長，切成適當的大小。

馬鈴薯　加水後用微波爐加熱

將馬鈴薯放入耐熱容器，稍微灑一點水再覆蓋保鮮膜，「100g 加熱 2 分鐘（600W）」。

待馬鈴薯放涼後（注意不要燙傷），用手剝除馬鈴薯皮。加入水分再微波加熱，就能避免加熱不均，呈現蓬鬆綿密的口感。

白蘿蔔・胡蘿蔔　用水煮熟、用高湯煮熟

將蘿蔔去皮後切成薄扇形等小片狀，用水或高湯煮熟。蘿蔔釋放出鮮味的湯汁，也可以運用在副食品之中。

若用微波爐加熱，則需加水後再加熱。三片切成圓片的胡蘿蔔（50g）要加3大匙水，約加熱2分鐘（600W）。

彩椒　用削皮器去皮

彩椒去除表皮後，就會變得好吃多了。同時也要去除蒂頭、種籽及白色內膜。青椒也是一樣的處理方式。

> 副食品的基本概念

茄子　去皮後用高湯煮熟

茄子的表皮就算長時間加熱還是會很硬。因此製作副食品時請先去皮，只使用果肉部位。

由於茄子會像是海綿般吸收水分，若能用高湯煮，茄子便能吸滿豐富的鮮味，同時變得軟嫩多汁，非常好吃。

秋葵　去除表面細毛及種籽

若秋葵表面有細毛，可以先灑鹽搓揉，再清洗就能去除細毛。切除蒂頭前端，並削除較硬的邊緣。

將秋葵縱向對半切開，用湯匙去除種籽。到了大口享用期，孩子不會排斥顆粒狀的口感後，就可以不必去除種籽了。

> 準備副食品的基本原則

豆腐　用沸水燙過為表面殺菌

豆腐表面很容易附著細菌。大人雖然可以直接生吃豆腐，但要將豆腐用作副食品時，還是必須先用沸水燙過殺菌才行。

黃豆　剝除不好消化的表皮

無須另外加熱的即食水煮黃豆，也很適合作為寶寶的副食品。到了練習咀嚼期就可以開始嘗試黃豆，一開始可以先剝除不好消化的表皮。

高野豆腐（日式凍豆腐）　將高野豆腐泡水還原

將高野豆腐浸泡於水中，還原成原本水潤柔軟的狀態。接著用雙手夾住豆腐，擠出多餘水分，配合孩子的成長，切成適當的大小。

若使用超市已經切成薄片或細條狀的高野豆腐，會更省時方便。只要直接加進高湯或蔬菜湯裡，就能恢復原狀。

納豆　使用碎粒或小粒納豆

使用碎粒納豆，就能省下切碎的步驟。到了練習咀嚼期，就可以使用小粒納豆。第一次嘗試納豆時，建議先用微波爐等加熱，讓納豆變得比較好消化。

17

魩仔魚　浸泡於熱水中去除鹽分

將魩仔魚浸泡於熱水5分鐘左右，去除魩仔魚的鹽分。瀝乾水分後再放入沸水中燙2分鐘至熟；或是將魩仔魚放入耐熱容器，倒水後覆蓋保鮮膜，放進微波爐加熱也可以去除鹽分。

鮪魚罐頭　使用水煮鮪魚罐頭

使用薄片狀的水煮鮪魚罐頭。如果這樣的大小會使寶寶不容易直接吞嚥，則再將鮪魚剝得更碎一些。

魚肉（生魚片）
放進沸水中煮熟

使用生魚片就不需要去除魚皮及魚刺，一片只有10g左右，用來當作副食品非常方便。放進沸水中煮熟即可。

魚肉（魚塊）
仔細去除魚皮及魚刺

將魚肉加熱後，去除魚皮並仔細挑起魚刺。用手挑過魚刺後可能殘留細菌，必須再次加熱後再給寶寶食用會比較安心。

魚肉（整尾）
烤好後分成小塊

如果在家烤竹筴魚或秋刀魚等一整條魚，灑鹽時記得避開魚刺較少的尾部，烤好後直接夾起尾部的魚肉給寶寶即可。

雞柳・雞胸肉　用微波爐加熱再剝碎

將一條雞柳（50g）放進耐熱容器，撒上少許酒，覆蓋保鮮膜放進微波爐（600W）加熱1分鐘，上下翻面後再繼續加熱30秒～1分鐘。將雞肉剝碎，並去除筋等較硬的部位。雞胸肉則切成薄片，以同樣的方式加熱。

雞腿肉　去除雞皮與脂肪

剝除雞皮，切除脂肪及筋，只使用瘦肉的部分。等到寶寶習慣吃雞柳及雞胸肉後，再挑戰雞腿肉吧！

絞肉　加入太白粉與水營造軟嫩口感

將絞肉製成丸子或肉餅時，要一點一點加入太白粉與水，混合攪拌塑型，便能營造出濕潤又軟嫩的口感。

※除微波外，也可將食材放入電鍋中，以外鍋1杯水，蒸熟；或直接以沸水煮熟即可。

牛肉片・豬肉片　將瘦肉切碎、剪碎

 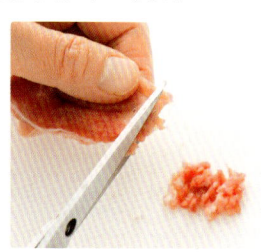

瘦肉（圖左）比較適合用來製作副食品。脂肪較多的肉（圖右）比較不易消化吸收，因此牛肉與豬肉建議盡量選擇瘦肉來製作副食品。

寶寶吃副食品的階段，尚未長出內側牙齒，無法咬碎肉類，因此必須將肉類切碎。由於分量較少，用廚房剪刀剪碎會比較方便。

烹調的基本原則

處理成寶寶容易吃的口感

副食品必須依照寶寶成長的每個階段逐步調整食材口感，例如濃稠、黏糊、顆粒感、切碎、切塊等。寶寶之所以會排斥副食品，大多是因為「不容易吞嚥」，請觀察寶寶吃副食品的情形，花點心思調整烹調的方式。

副食品的基本概念

準備副食品的基本原則／烹調的基本原則

壓碎過篩
將食材壓碎過篩呈現滑順口感

去除番茄的表皮與種籽
番茄可以直接連皮帶籽壓碎過篩。將番茄切成小塊放上濾網，再用湯匙背面壓碎番茄，就能讓果肉通過網格，只除去表皮與種籽。

讓青花菜的口感更顯滑順綿密
咕嚕咕嚕期的寶寶不喜歡吃到纖維與顆粒的口感，因此像是青花菜或高麗菜等蔬菜，也可以利用過篩的方式處理得細緻綿密。過篩的口感會比搗碎更滑順。

搗碎

放進研磨缽將食物塊搗碎

南瓜、薯類等塊狀食材就用杵棒搗碎
將南瓜或薯類等食材加熱後，要趁熱放進研磨缽，利用杵棒搗碎。

搗散魚類、肉類的纖維
由於魚類、肉類的細小纖維很難用濾網過篩的方式弄碎，建議放進研磨缽仔細搗碎。由於魚類、肉類很容易殘留纖維，一開始可以拌進粥裡會比較容易入口。

磨泥

利用磨泥板將食材磨碎

磨碎冷凍菠菜的纖維
要將菠菜的纖維完全磨碎是非常艱鉅的任務！在咕嚕咕嚕期，可將燙熟的菠菜塑型成棒狀放入冷凍，冷凍後再將嫩葉部分用磨泥板磨碎，就能呈現滑順口感。

將高野豆腐磨成粉末狀
將乾燥的高野豆腐直接磨成粉末，就可以給咕嚕咕嚕期的寶寶食用。由於高野豆腐的營養密度高，只要嫩豆腐的1/10量（咕嚕咕嚕期一次約吃1/2小匙）就夠了。

加水稀釋

加入水分讓食材更好入口

讓南瓜、薯類變得更濕潤滑順
南瓜及薯類這種食材就算磨碎了還是不太容易吞嚥。可加入放涼的沸水、高湯、蔬菜湯、配方奶等，營造出濕潤滑順的口感，讓寶寶更容易食用。

將豆腐、魚類、肉類等調整成合適的軟硬度
若是將食材磨碎後還是難以下嚥，不妨加入水分讓食材變得濕潤滑順，調整成適合寶寶入口的軟硬度。

切碎
用刀切碎或切成小塊

仔細切下青花菜的前端

青花菜即使切成小朵燙熟後還是很硬,在小口吞嚥期之前,可以先用菜刀切下青花菜的前端花蕾用於副食品。若切下來後感覺還是太大,可以再繼續切得更碎。

葉菜類要縱切、橫切將纖維切斷

像是菠菜等葉菜類蔬菜,製作副食品時最重要的就是要確實切斷纖維!將蔬菜燙軟後,先縱切再橫切,將菜葉切碎,不要殘留細長的纖維。

壓碎
利用叉子將食材壓散

利用叉子背面等器具將食材壓散

將加熱過的魚肉放在盤子上,利用叉子背面等器具壓散魚肉後,再仔細壓碎。

利用叉子背面等器具將食材壓成泥

利用叉子就可以輕鬆地香蕉壓成泥。若是加熱得鬆軟綿密的薯類、南瓜、豆腐等食材,也可以用叉子輕鬆壓成泥。

增添濃稠感
讓食材更容易吞嚥

太白粉

製作太白粉水

基本的太白粉水,太白粉與水的比例為1:2～3,調得稀一點就不容易失敗。如果只需少量,可以用1/4小匙的太白粉加上1/2大匙的水調合即可。

以畫圓的方式倒入鍋中

煮好食材後,先關火,再將攪拌好的太白粉水以畫圓的方式倒入鍋中。接著立刻混合攪拌,再重新開火,攪拌至產生濃稠感即可。

粥

加進粥裡攪拌

黏稠濕潤的粥可以徹底包覆住具有纖維的蔬菜、口感較乾澀的魚肉等食材。如果是比較不容易入口的食材,不妨先加入粥裡攪拌後再給寶寶嘗試。

香蕉

加進香蕉泥裡攪拌

香蕉壓成泥後會產生強烈的黏性,再加上原有的甘甜滋味,與葉菜類蔬菜(高麗菜、菠菜等)混合攪拌後,就算是不喜歡蔬菜的寶寶也能接受。

※ 或者也可使用副食品調理機、食物調理機,或手持攪伴棒來打泥。

冷凍的基本原則

一次做好送進冷凍保存

由於副食品一次食用的分量很少，若能一次做好放進冷凍保存就方便多了！可運用冷凍袋或分裝保存盒，分成容易使用的分量放入冷凍，要用時再加熱、解凍即可。

1 冷凍時，請依照質地一分分裝進保存盒或冷凍袋中

製冰盒
讓液態食材凍成小方塊

高湯、蔬菜湯、咕嚕咕嚕期的濃稠狀食材，最適合放進製冰盒中冷凍。可依照1小匙、1大匙的分量分別冷凍，使用起來就會很方便。

分裝保存盒
每格就是一次的分量按壓底部就能推出

將一次分的蔬菜、粥、切碎的烏龍麵等裝入分裝保存盒，就能製作出冰磚。這種分裝保存盒的材質柔軟，只要按壓底部就能輕易推出食材。

保鮮膜
無論各種食材都能緊密包覆

只要不是液態，無論是蔬菜、魚類、肉類都能用保鮮膜完整包覆，放入冷凍。將食材處理好後，量好一次要用的分量，利用保鮮膜分裝冷凍吧！

冷凍袋
依照食材種類裝入要用的分量

無論是切碎的蔬菜、剝碎的魚、肉，以及用製冰盒或分裝盒冷凍好的粥冰磚，都可以直接放入冷凍袋裡保存。用保鮮膜包覆住的食材也可以放進冷凍袋，避免食材變質。

小分量容器
將一分分配菜或主食分裝至容器裡

到了練習咀嚼期與大口享用期後，寶寶每次吃副食品的分量會漸漸增加，小分量容器就可以派上用場了。建議使用容量120～300ml、可微波加熱的容器會比較方便。

2 使用冰磚時要覆蓋保鮮膜，使用微波爐加熱

輕輕將保鮮膜覆蓋冰磚

直接在冷凍的狀態下加熱。保鮮膜只要輕輕覆蓋即可，才能製造出空氣的通道。要是將保鮮膜緊密覆蓋住冰磚，加熱後保鮮膜會緊緊黏在食材上，取下保鮮膜時會有燙傷之虞。

慢慢加熱、均勻攪拌

用微波爐加熱時，「攪拌」就是溫度均勻最重要的關鍵。用湯匙均勻攪拌，確認是否所有食材都溫熱了，若還沒溫熱，就再繼續加熱。

※除微波外，也可將冰磚放入電鍋中，以外鍋1杯水蒸熱。

3 在一週內用完
（剩下的冰磚可以給大人食用）

雖然冷凍就可以長期保存，不過食材還是會漸漸變質。畢竟副食品是要給對味覺非常敏感、抵抗力又比較弱的小寶寶食用，最好在製作完一週後吃完。若是容易忘記製作日期，建議可寫上製作日期！若是真的沒有吃完，大人可以將副食品冰磚加進咖哩或湯品中靈活運用。

21

學會製作副食品的主食	# 粥・烏龍麵・麵包粥的製作方式

本書中最常登場的主食就是「粥」、「烏龍麵」、「麵包粥」，現在要介紹這三種主食的基本製作方式。一開始嘗試副食品會從粥（米粥）開始，等寶寶習慣後則可以開始少量嘗試小麥製品。

5～6個月左右 粥

副食品的主食基本上會從「十倍粥」開始做起，也就是用米與 10 倍的水（若使用煮好的白飯則加入 9 倍的水）煮成粥。接下來可以漸漸調整水的分量，製作出寶寶喜歡的稠粥或稀飯。

一開始從十倍粥做起

1 將白飯與水加入鍋中炊煮

1 大匙米飯與 135ml 的水

將白飯與水倒入小鍋中，開大火煮，用湯匙攪散開來。待沸騰後轉小火。
★若用的是生米，則要用 1 大匙生米與 150ml 的水。

為了避免溢出鍋外，鍋子與鍋蓋之間夾一根筷子，煮 30 分鐘後關火。蓋著鍋蓋放涼，在放涼的期間也能繼續蒸熟。
★若用的是生米，則要煮 1 小時。

七倍粥與五倍粥也是以同樣的方式製作

2 過篩（或磨碎）

將煮好的十倍粥置於濾網，利用抹刀等器具將十倍粥過篩。濾網下方的粥也要記得刮下來。

若使用研磨缽、杵棒磨碎，記得要仔細研磨到毫無米飯顆粒為止（等寶寶漸漸習慣後，就改成「大致磨碎」、「不磨碎直接給寶寶食用」）。

最後，利用較小的打蛋器均勻攪拌，讓水分與米飯徹底融為一體，營造出濃稠感。

※也可使用副食品調理機、食物調理機，或手持攪拌棒來打泥及切碎。

當分量開始增加後

● 利用炊飯鍋的「煮粥模式」炊煮

如果是十倍粥，就將 1/4 杯米（50ml）與 500ml 的水倒入炊飯鍋的內鍋，設定「煮粥模式」熬煮。由於十倍粥的水分較多，若使用一般模式可能會溢出鍋外，須特別留意。

● 利用微波爐製作軟飯

將 100g 白飯與 150～200ml 的水倒入耐熱容器並混合攪拌。若是覆蓋保鮮膜，加熱時可能會溢出容器，因此無需覆蓋保鮮膜，放進微波爐（600W）加熱 3 分鐘。

加熱後再覆蓋保鮮膜，稍微靜置一陣子。利用蒸氣繼續蒸熟，同時也放涼的這段期間，米飯會吸收水分慢慢膨脹。

※除微波外，也可將食材放入電鍋中，以外鍋 1 杯水蒸熟。

粥的濃稠度

5～6個月左右	7～8個月左右	9～11個月左右	1歲～1歲6個月左右
咕嚕咕嚕期	小口吞嚥期	練習咀嚼期	大口享用期
米與水的比例為 1：10（白飯與水為 1：9）煮成的十倍粥，要記得過篩或磨碎成容易吞嚥的細滑口感。	將米與水的比例調整為 1：7（白飯與水為 1：6）煮成七倍粥，或米與水的比例為 1：5（白飯與水為 1：4）煮成五倍粥。	寶寶習慣吃五倍粥後，可以將米與水的比例調整為 1：3～2（白飯與水為 1：2～1.5）煮成軟飯。	等寶寶習慣吃軟飯後，再慢慢減少水分，到了後期就可以跟大人吃一樣的白飯了。

6個月大之後
烏龍麵

寶寶到了6個月大，可以開始嘗試柔軟的「烏龍麵」。請煮到用手指就可以輕易壓碎的程度。

1 仔細切碎

將30g烏龍麵（咕嚕咕嚕期後期吃的分量）切碎。由於冷凍的烏龍麵麵體互相纏繞，在下水煮熟前先切會比較容易切碎。將菜刀沾濕，麵體就不太會附著於刀面。

2 煮熟

在鍋中加入1杯水，將切碎的烏龍麵放入鍋中煮至沸騰，至少要再煮5分鐘以上，讓麵體變得更軟。

3 磨成泥狀

等烏龍麵煮軟到用手指輕輕出力就能捏碎的程度，將烏龍麵放入研磨缽中，用湯匙背面將烏龍麵磨成泥狀，可加入煮麵水調整軟硬度。

烏龍麵的細緻度

5～6個月左右	7～8個月左右	9～11個月左右	1歲～1歲6個月左右
咕嚕咕嚕期	小口吞嚥期	練習咀嚼期	大口享用期
等寶寶習慣吃粥後，到了6個月大之後就可以多給1匙烏龍麵粥，每次慢慢增加副食品的分量。	用菜刀將35～55g的烏龍麵切碎，多花一點時間煮到用手指壓就能捏碎的程度。	將60～90g的烏龍麵切成2～3cm長的小段，花時間煮到用手指輕壓就能捏碎的程度。	將105～130g的烏龍麵切成3～4cm長的小段，花時間煮到用手指輕壓就能捏碎的程度。

6個月大之後 嘗試過烏龍麵後
麵包粥

由於麵包中的小麥蛋白質含量較多，等寶寶習慣吃烏龍麵後再開始嘗試麵包粥吧！

1 仔細切碎

將10g吐司（咕嚕咕嚕期後期吃的分量）仔細切碎。

2 煮熟

將煮好的吐司倒入研磨缽中，用杵棒磨成泥狀。

3 磨成泥狀

將煮好的吐司倒入研磨缽中，用杵棒磨成泥狀。

麵包粥的細緻度

5～6個月左右	7～8個月左右	9～11個月左右	1歲～1歲6個月左右
咕嚕咕嚕期	小口吞嚥期	練習咀嚼期	大口享用期
等寶寶習慣吃粥後，到了6個月大嘗試過烏龍麵後，就可以開始嘗試麵包粥。每次可以試著增加1匙，慢慢增加分量。	用菜刀將15～20g的吐司仔細切碎，加入水分（水、高湯、牛奶等），煮到吐司變柔軟為止。	用菜刀將25～35g的吐司切碎，加入水分維持濕潤。也可以直接吃，無須烹煮。	將吐司切成寶寶容易用手拿著吃的大小。切成薄片也無妨。

副食品的基本概念

粥・烏龍麵・麵包粥的製作方式

高湯・蔬菜湯的製作方式

讓副食品變得更美味

完全沒有任何調味、滋味清淡的副食品，美味的關鍵就在於「高湯」、「蔬菜湯」中富含的鮮味。放冰箱冷藏可以保存 3 天，放進製冰盒冷凍則可以保存一週左右，建議一次可以多做一些備用。

和風高湯

用昆布及鰹魚片熬出來的基礎高湯。從咕嚕咕嚕期開始，就可以在副食品中添加和風高湯。

1 先加熱昆布

在鍋中倒入 2 杯水，將昆布切成 10cm 長，再用濕布擦去昆布表面的髒污後，將昆布浸泡於水中。等待 15～20 分鐘後，開中火煮。

2 取出昆布後、加入鰹魚片

在整鍋水煮沸前取出昆布，整鍋水煮沸後加入 2 包（10g）鰹魚片，轉小火繼續煮 2～3 分鐘即可關火。

3 用廚房紙巾過濾

若鰹魚片沉入鍋底，可在濾網上墊一張廚房紙巾，過濾出高湯。

蔬菜湯

這次使用容易壓碎的黃綠色蔬菜來製作蔬菜湯，也可以使用家裡現有的其它蔬菜。

1 煮胡蘿蔔、洋蔥

將 1/2 根胡蘿蔔削皮後切成 1cm 厚的圓片狀，將 1/4 顆洋蔥切成 1cm 的小丁，將 1/8 顆南瓜削皮後切成 2cm 的小丁，將 1/4 顆青花菜切成小朵。

在鍋中加入胡蘿蔔、洋蔥與 2 杯水，蓋上鍋蓋，開中火煮。

2 加入其餘蔬菜

待整鍋煮滾後，加入南瓜、青花菜。重新蓋上鍋蓋，以小火煮 25 分鐘左右，煮到胡蘿蔔變軟為止。

3 過濾出蔬菜湯

用濾網過濾出蔬菜湯，取出蔬菜。

★將取出的蔬菜裝入保鮮袋，可利用桿麵棍敲打壓碎，靈活運用於其他副食品當中。

如何製作一餐分？

利用濾茶網泡出「鰹魚高湯」

將 1 包（5g）鰹魚片放入耐熱容器，加入 1 杯沸水，靜置 5～10 分鐘，利用濾茶網過濾鰹魚片即完成。

這麼做更方便！

利用市售的「高湯包」

若能買到無添加鹽、化學調味料的「鰹魚高湯包」、「蔬菜高湯包」，也可以利用高湯包煮出高湯製作副食品。

Check!

寶寶可以開始吃副食品了嗎？

- ✓ 已經 5～6 個月大
- ✓ 頸部已經變硬、可以坐起來
- ✓ 可以坐著一段時間
- ✓ 當寶寶看見大人在用餐時，也表現出很想進食的表徵
- ✓ 身體狀況＆心情都很良好

菜色 Piont

- ☐ 1 天吃 1 次副食品（進行一個月後，順利的話 1 天可以吃 2 次）
- ☐ 主要營養仍來自於母乳、配方奶
- ☐ 主食以粥為主
- ☐ 加入容易消化吸收的蔬菜、豆腐、魚、蛋黃
- ☐ 不使用調味料／油脂控制在 1／4 小匙以內（p.128）

Part 1

5～6個月左右

咕嚕咕嚕期的副食品食譜

（寶寶光是吞嚥就要花上不少力氣 不必太在意吃下多少分量）

　　對原本只有喝母奶、配方奶的寶寶而言，第一次要用湯匙吃下食物，是一件比大人想像中更大的轉變。咕嚕咕嚕期的寶寶，主要的營養還是來自於母乳或配方奶，因此無須太在意寶寶吃副食品的分量！讓寶寶練習一個月左右，等到寶寶習慣母乳、配方奶之外的味道後，學會咕嚕咕嚕地吞下副食品就沒問題了。無論是爸媽或寶寶都要放輕鬆，慢慢來就好！

咕嚕咕嚕期 前期
該如何開始嘗試副食品呢？

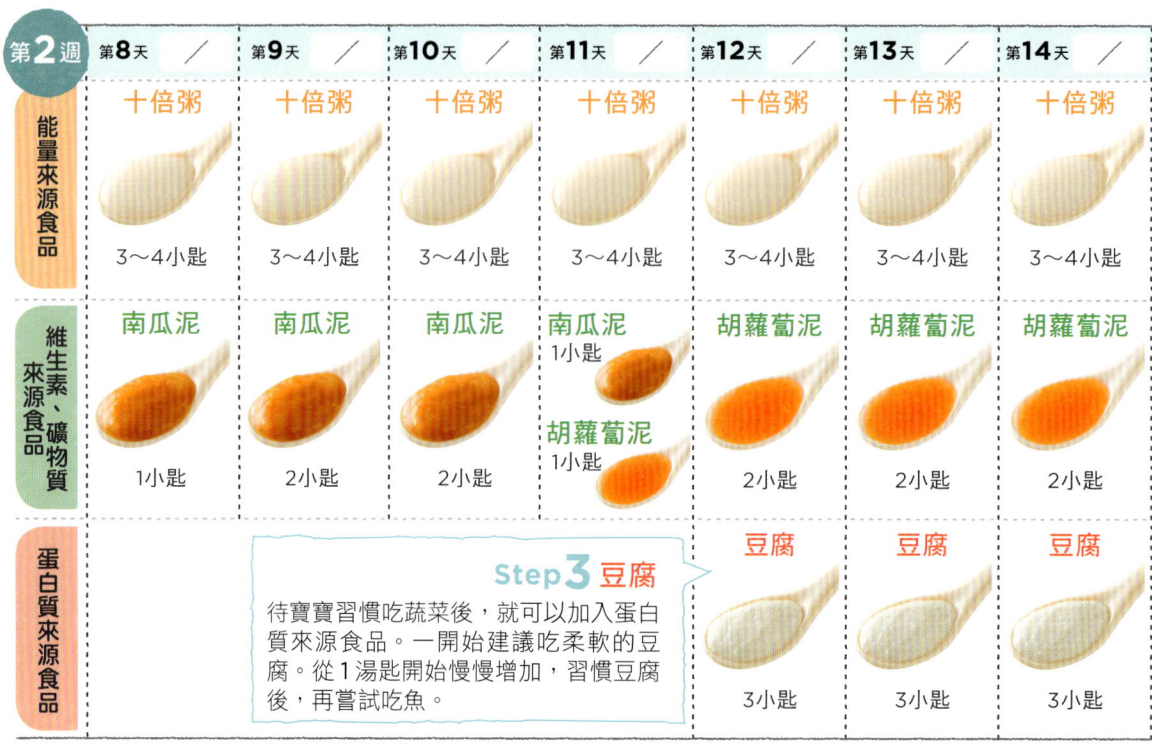

第1週

	第1天	第2天	第3天	第4天	第5天	第6天	第7天
能量來源食品	十倍粥 1小匙	十倍粥 1小匙	十倍粥 2小匙	十倍粥 2小匙	十倍粥 3小匙	十倍粥 3小匙	十倍粥 3小匙
維生素來源食品、礦物質						南瓜泥 3小匙	南瓜泥 3小匙
蛋白質來源食品							

Step1 十倍粥
先從1小匙細緻滑順的十倍粥（請參考p.22）開始嘗試，再漸漸增加分量。

寶寶無法順利吞嚥該怎麼辦呢……？
★此時寶寶的舌頭只能前後移動，食物很容易從嘴裡漏出來。幫寶寶舀起嘴邊的粥，再多餵幾次吧！
★若寶寶不太習慣粥的味道，不妨加入少許母乳或配方奶，或許寶寶就能接受了。
★若剛滿5個月就開始嘗試副食品，寶寶還有點排斥的話，就先休息1～2週再重新開始也沒關係。

Step2 蔬菜
待寶寶習慣吃粥後，就可以在粥裡加入處理得柔軟細膩的南瓜等甜味蔬菜。從1湯匙開始嘗試，連續吃4～5天。等到寶寶習慣後，每天變換菜色也無妨。

第2週

	第8天	第9天	第10天	第11天	第12天	第13天	第14天
能量來源食品	十倍粥 3～4小匙	十倍粥 3～4小匙	十倍粥 3～4小匙	十倍粥 3～4小匙	十倍粥 3～4小匙	十倍粥 3～4小匙	十倍粥 3～4小匙
維生素來源食品、礦物質	南瓜泥 1小匙	南瓜泥 2小匙	南瓜泥 2小匙	南瓜泥 1小匙 / 胡蘿蔔泥 1小匙	胡蘿蔔泥 2小匙	胡蘿蔔泥 2小匙	胡蘿蔔泥 2小匙
蛋白質來源食品					豆腐 3小匙	豆腐 3小匙	豆腐 3小匙

Step3 豆腐
待寶寶習慣吃蔬菜後，就可以加入蛋白質來源食品。一開始建議吃柔軟的豆腐。從1湯匙開始慢慢增加，習慣豆腐後，再嘗試吃魚。

1小匙＝5ml。如果是比較小的副食品湯匙，可能需要裝好幾匙。

早上或下午的母乳或配方乳，挑一次改成先吃副食品。先吃完副食品後，就可以讓寶寶想喝多少就喝多少。

★ 5個月大就開始嘗試副食品的寶寶，可以花一個月左右的時間慢慢習慣吃副食品，到了6個月大就可以邁向咕嚕咕嚕期後期。

★ 6個月大才開始嘗試副食品的寶寶，可以讓寶寶快一點習慣，到了7個月大時就可以邁向小口吞嚥期。

咕嚕咕嚕期

第3週

	第15天	第16天	第17天	第18天	第19天	第20天	第21天
能量來源食品	十倍粥 4～5小匙	十倍粥 4～5小匙	十倍粥 4～5小匙	十倍粥 4～5小匙	十倍粥 4～5小匙	十倍粥 4～5小匙	十倍粥 4～5小匙
維生素來源、礦物質食品	胡蘿蔔泥 1小匙 / 菠菜泥 1小匙	菠菜泥 2小匙	菠菜泥 2小匙	菠菜泥 2小匙	菠菜泥 1小匙 / 番茄泥 1小匙	番茄泥 2小匙	番茄泥 2小匙
蛋白質來源食品	豆腐 3～4小匙	豆腐 3～4小匙	豆腐 3～4小匙	白肉魚 1小匙	白肉魚 1小匙	白肉魚 1小匙	白肉魚 1小匙

第4週

	第22天	第23天	第24天	第25天	第26天	第27天	第28天
能量來源食品	十倍粥 5～6小匙	十倍粥 5～6小匙	十倍粥 5～6小匙	十倍粥 5～6小匙	十倍粥 5～6小匙	十倍粥 5～6小匙	十倍粥 5～6小匙
維生素來源、礦物質食品	番茄泥 2小匙	番茄泥 2小匙	南瓜泥 2小匙	胡蘿蔔泥 2小匙	菠菜泥 2小匙	番茄泥 2小匙	南瓜泥 2小匙
蛋白質來源食品	豆腐 4～5小匙	豆腐 4～5小匙	鰯仔魚 1小匙	鰯仔魚 1小匙	鰯仔魚 1小匙	鰯仔魚 1小匙	豆腐 4～5小匙

咕嚕咕嚕期前期 該如何開始嘗試副食品呢？

在　/　欄位中記錄日期吧！

能量來源食品家族

一次選擇一種食材時的用量（若選兩種則各需減半）

由於薯類（馬鈴薯、地瓜等）、香蕉的含醣量較高，因此也算是能量來源的一種，可以用來取代粥當作主食。

咕嚕咕嚕期**後期** 適合的食材 **實際大小**

就是這麼大！

一次的合適分量

十倍粥 40g

質地滑順細緻的十倍粥，隨著寶寶成長，可以漸漸減少水分，接近小口吞嚥期時可以嘗試七倍粥。

馬鈴薯 20g

將馬鈴薯煮軟後，磨成細膩滑順的質地。可以加入煮馬鈴薯的水稀釋馬鈴薯泥，調整馬鈴薯泥的軟硬度。

> 由於薯類與香蕉含醣量較高，可以用來取代主食

香蕉 20g

將香蕉磨成細緻的泥狀，再加入水分稍微稀釋。為了避免食物過敏，一開始嘗試時最好要加熱會比較放心。

等寶寶習慣吃粥，
6個月大可從1小匙開始嘗試小麥製品

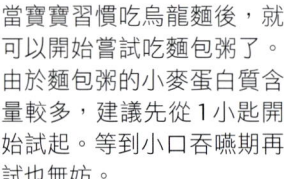

烏龍麵

一開始嘗試小麥製品，建議從小麥蛋白質含量較少的「烏龍麵」開始試起。第一口可以將1湯匙烏龍麵混進粥裡一起吃。

★作法請見 p.23
★食物過敏請見 p.14

吐司

當寶寶習慣吃烏龍麵後，就可以開始嘗試吃麵包粥了。由於麵包粥的小麥蛋白質含量較多，建議先從1小匙開始試起。等到小口吞嚥期再試也無妨。

★作法請見 p.23

維生素、礦物質來源食品家族

一次選擇一種食材時的用量（若選兩種則各需減半）

等到寶寶可以接受綿密濃稠的蔬菜後，
就可以開始挑戰青花菜、高麗菜等磨碎後還是帶有顆粒感的蔬菜。

※ 海藻類具有豐富的營養，建議可經常使用於副食品。
當寶寶沒有吃水果時，蔬菜多吃一點就沒問題。

咕嚕咕嚕期

建議食材的實際大小

蔬菜

南瓜 10g

去除表皮與種籽後，水煮到變軟為止，或使用微波爐加熱。若感覺有點乾，可以加點水分增添濕潤感。

番茄 10g

由於番茄皮不容易消化，也很容易黏在喉嚨裡，因此必須去除表皮與種籽。番茄加熱後會變得更甜。

菠菜 10g

將菠菜煮軟後，浸泡於冷水中去除苦澀味。副食品中只使用柔嫩的菜葉部分，並仔細磨碎纖維。

青花菜 10g

將青花菜煮軟後，用菜刀切下青花菜的前端花蕾。接著仔細磨碎，去除顆粒感，也可以加點太白粉水勾芡。

胡蘿蔔 10g

削皮後用水煮軟，再磨成細緻光滑的泥狀。也可以先磨成泥再加熱。

海藻

青海苔粉 少許

可以撒在粥裡，仔細混合攪拌，才不會讓寶寶噎到。從咕嚕咕嚕期就可以開始嘗試。可以輕鬆改變粥的味道，非常方便。

水果

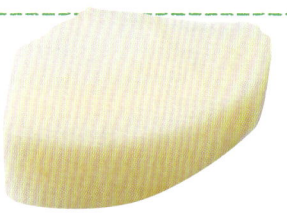

蘋果 5g

剛開始嘗試水果時，要先加熱會比較放心。可以先用水煮軟後再磨碎或是磨出少量的蘋果泥後再放進微波爐裡加熱。

29

蛋白質來源食品家族

一次選擇一種食材時的用量（若選兩種則各需減半）

容易消化吸收的黃豆製品、白肉魚、全熟水煮蛋的蛋黃等都是不錯的選擇。
這些都是非常優質的蛋白質來源，建議可多加嘗試。

食材的實際大小

魚類

真鯛 10g（生魚片1片）

脂肪含量低、肉鮮味美的真鯛，最適合給咕嚕咕嚕期的寶寶食用。使用一片真鯛生魚片，就能輕鬆製作副食品。

魩仔魚 10g（1大匙）

由於魩仔魚的鹽分較高，請先浸泡熱水、洗去鹽分後再使用於副食品。魩仔魚就連骨頭也能吃，最適合為寶寶補充鈣質。

大豆製品

嫩豆腐 25g

一開始要使用口感滑嫩的嫩豆腐。由於豆腐表面容易附著細菌，一定要加熱後再給寶寶食用。

豆漿 30ml（2大匙）

在製作副食品時要選用無糖豆漿。利用豆漿就能為副食品增添溫和的濃郁感。

黃豆粉 3g（1大匙）

由於是粉末狀，利於寶寶消化吸收，但也可能會不小心嗆進氣管裡，請將黃豆粉混入粥中再給寶寶食用。

※ 務必要加水後再食用。

肉類　由於肉類脂肪較多，也不容易烹調得非常軟嫩，因此不適合給咕嚕咕嚕期的寶寶食用。

寶寶還不能吃！

蛋　待寶寶習慣吃豆腐及魚後，再準備1湯匙全熟水煮蛋的蛋黃，慎重地讓寶寶嘗試。

乳製品　若寶寶有喝配方奶，就不必擔心寶寶可能會對牛奶、乳製品過敏。

可以用配方奶烹調副食品

★食物過敏請見 p.14

能量來源　維生素、礦物質來源　蛋白質來源

咕嚕咕嚕期
要給寶寶吃多少量？

實際大小
餐點

當寶寶開始嘗試副食品已經一個月左右，漸漸習慣吃副食品後，就可以開始思考該如何讓寶寶吃到兼具三種營養來源的餐點。建議一點一滴慢慢增加食材種類，可以單獨一種食材、或是混合兩三種食材，營造出味覺饗宴。

餐點的實際大小

水煮蘋果泥

將 5g 蘋果放入耐熱容器，淋 1 大匙水，覆蓋保鮮膜放進微波爐加熱 1 分鐘。在保鮮膜覆蓋著的狀態下靜置放涼，再磨成泥即完成。或以外鍋半杯水，蒸熟；或直接放入沸水中汆燙，取出放涼後再磨成泥。

軟嫩南瓜白肉魚泥

1. 將 10g 南瓜（去除表皮與種籽）煮軟後取出，磨成細緻滑順的南瓜泥，再加入煮南瓜的水，稀釋成容易吞嚥的濃稠度。
2. 用同一鍋水煮鯛魚（10g），煮熟後也加入少許煮魚水，將魚肉磨碎得細緻滑順。
3. 將步驟 ① 與 ② 盛入容器，混合攪拌後再給寶寶食用。

十倍粥

將 40g 十倍粥（p.22）處理得細緻滑順，盛裝於容器中。

31

開始吃副食品後，過了一個月左右（約 6 個月大時）適合的餐點都在這裡！

後期 1week 餐點

★ 分量與質地僅供參考。請觀察寶寶實際吃副食品的情形，將水分含量調整成適合寶寶吞嚥的程度。
★ 基本上一天吃一次副食品，若是進展順利，一天吃兩次也無妨。
★ 可以逐漸嘗試將副食品做得比較黏稠，或是稍微粗糙一些的口感。

將魚肉拌進粥裡，咕嚕咕嚕期也能嘗試

利用高湯提升鮮味＆滑順感

餐點的實際大小

Mon. 第1次

 魩仔魚粥

食材　十倍粥（請 p.22）
　　　…40g（比 3 大匙略少）
　　　魩仔魚…5g（1／2 大匙）

作法　1 將十倍粥磨成滑順細緻的泥狀。
　　　2 將魩仔魚浸泡於 1／2 杯熱水，泡 5 分鐘左右瀝乾水分，將魩仔魚放入沸水中煮 2 分鐘至熟後磨碎。
　　　3 將步驟 ① 盛入容器中，放上步驟 ②，攪拌混合後再餵寶寶吃。

 胡蘿蔔泥

食材　胡蘿蔔（去皮）…10g
　　　（切成 1cm 厚的圓片 1 片）
　　　高湯…適量（p.24）

作法　1 將胡蘿蔔煮軟後，磨成滑順細緻的泥狀。
　　　2 將高湯加入步驟 ①，稀釋成容易吞嚥的濃稠度即完成。

Mon. 如果要餵第2次

 十倍粥

食材　十倍粥（p.22）…40g（比 3 大匙略少）
作法　將十倍粥磨成滑順細緻的泥狀。

 豆腐南瓜泥

食材　嫩豆腐…25g（比 3cm 塊狀略少）
　　　南瓜（去皮去籽）…10g（2cm 塊狀 1 塊）

作法　1 煮一鍋沸水，放入豆腐汆燙一下即可取出。將豆腐磨碎後，加入沸水稀釋成容易吞嚥的濃稠度。
　　　2 用同一鍋沸水，放入南瓜煮軟。將南瓜磨成滑順細緻的泥狀，加入沸水稀釋成容易吞嚥的濃稠度。
　　　3 將步驟 ① 與 ② 混合攪拌即完成。

可視情況調整得比較濃稠一些

容易咕嚕咕嚕吞下肚的最佳搭檔

Mon.

32　　● 能量來源　● 維生素、礦物質來源　● 蛋白質來源

Tue. 第1次

菠菜蛋黃牛奶粥

食材
十倍粥（p.22）
…40g（比3大匙略少）
配方奶粉…1小匙
蛋黃（p.15）…1／4小匙
菠菜嫩葉…10g（2大片）

作法
1. 將十倍粥磨成滑順細緻的泥狀，倒入鍋中，加入配方奶粉，利用打蛋器攪拌整鍋粥，煮得濃稠滑順。煮到一半若水分不夠，可以再加入水分。
2. 將菠菜煮軟後切碎，磨成滑順細緻的泥狀。
3. 將沸水放涼後加入蛋黃，將蛋黃稀釋得滑順細緻。
4. 將步驟①盛入容器，放入步驟②與③。攪拌混合後再餵寶寶吃。

★第一次吃蛋黃要從1小匙開始嘗試（p.14）。

餐點的實際大小

第一次吃蛋黃要從1小匙開始嘗試

咕嚕咕嚕期

咕嚕咕嚕期後期的1 week 餐點 Mon. Tue.

Tue. 第2次（如果要餵）

十倍粥佐青海苔粉

食材
十倍粥（p.22）
…40g（比3大匙略少）
青海苔粉…少許

作法
1. 將十倍粥磨成滑順細緻的泥狀，盛入容器中。
2. 在步驟①撒上青海苔粉即完成。

魩仔魚番茄泥

食材
魩仔魚…5g（1／2大匙）
番茄（去皮去籽）
…10g（切成扇形片狀1小片）

作法
1. 將番茄磨成滑順細緻的泥狀。
2. 將魩仔魚浸泡於熱水中5分鐘後瀝乾。放入沸水中汆燙3分鐘撈起，瀝乾磨碎。
3. 混合攪拌步驟①與②，覆蓋保鮮膜，放進微波爐加熱20～30秒即完成。

餐點的實際大小

用大海的香氣帶來變化

乾燥粗糙的魩仔魚也能變得多汁順口

微波時間依微波爐機種與食材含水量而有所不同，請視情況調整。
若寶寶似乎難以下嚥，請加入放涼的沸水或高湯調整稀釋，或加入粥裡再給寶寶食用。
除微波外，也可將食材放入電鍋中，以外鍋1杯水蒸熟。

33

利用具有鮮味的煮魚水調整軟硬度

利用香蕉中和蔬菜的苦味

餐點的實際大小

Wed. 第1次

🟠 菠菜拌香蕉泥

食材 香蕉…20g（切成2cm厚的圓片1片）
菠菜嫩葉…10g（2大片）

作法
1. 將菠菜煮軟後切碎，磨成滑順細緻的泥狀。
2. 將香蕉磨成滑順的泥狀，加入一些放涼的沸水稀釋成容易吞嚥的濃稠度。
3. 混合攪拌步驟①與②，覆蓋保鮮膜，放進微波爐加熱20～30秒即完成。

🔴 鯛魚胡蘿蔔雙色拼盤

食材 鯛魚…10g（生魚片1片）
胡蘿蔔（去皮）…5g
（切成5mm厚的圓片1片）

作法
1. 將胡蘿蔔煮軟後，磨成滑順細緻的泥狀。
2. 用同一鍋水煮鯛魚（10g），煮熟後也加入少許煮魚水，將魚肉磨碎得細緻滑順。
3. 將步驟①與②盛入容器，混合攪拌後再給寶寶食用。

Wed. 如果要餵第2次

🟠 番茄泥十倍粥

食材 十倍粥（p.22）…40g（比3大匙略少）
番茄（去皮去籽）…10g（切成扇形片狀1小片）

作法
1. 將十倍粥磨成滑順細緻的泥狀。
2. 將番茄包覆保鮮膜，放進微波爐加熱20秒後，磨成滑順細緻的泥狀。
3. 將步驟①盛入容器中，放上步驟②即完成。

🟥 高湯豆腐泥

食材 嫩豆腐…25g（比3cm塊狀略少）
高湯…1大匙（p.24）

作法
1. 將豆腐與高湯倒入耐熱容器，覆蓋保鮮膜，放進微波爐加熱20秒。
2. 將步驟①磨成滑順的泥狀即完成。

微波爐快速出菜！口感鬆軟柔嫩

促進食慾的酸甜滋味

34　🟠能量來源　🟢維生素、礦物質來源　🟥蛋白質來源

將滑順細緻的馬鈴薯泥
當作主食

運用豆漿讓蔬菜
變得溫和細膩

餐點的
實際大小

Thu. 第1次

馬鈴薯泥佐蛋黃

食材 馬鈴薯（去皮）
…20g（1／8顆）
蛋黃（p.15）…1／4小匙

作法
1. 將馬鈴薯煮軟，磨成滑順細緻的泥狀，再加入煮馬鈴薯的水，稀釋成容易吞嚥的濃稠度。
2. 將放涼後的沸水加入蛋黃中稀釋。
3. 將步驟①盛入容器中，放上步驟②。混合攪拌後再給寶寶食用。

菠菜豆漿濃湯

食材 菠菜嫩葉…10g（2大片）
豆漿…1大匙

作法
1. 將菠菜煮軟後切碎，磨成滑順細緻的泥狀。
2. 將豆漿加入步驟①混合攪拌即完成。

Thu. 如果要餵第2次

十倍粥

食材 十倍粥（p.22）
…40g（比3大匙略少）

作法 將十倍粥磨成滑順細緻的泥狀。

鯛仔魚佐南瓜醬

食材 鯛仔魚…10g（1大匙）
南瓜（去皮去籽）
…10g（2cm塊狀1塊）

作法
1. 將南瓜煮軟後，磨成滑順細緻的泥狀，加入煮南瓜水稀釋成容易吞嚥的濃稠度。
2. 將鯛仔魚浸泡於熱水中5分鐘後瀝乾。放入沸水中汆燙3分鐘撈起，瀝乾磨碎。
3. 將步驟②盛入容器中，加入步驟①即完成。

以濃稠甜蜜的醬汁
包裹住魚肉

利用十倍粥調整配菜
的軟硬度

※ 微波爐皆以600W為準。若是500W，請將時間調整為1.2倍。微波時間依微波爐機種與食材含水量而有所不同，請視情況調整。
※ 若寶寶似乎難以下嚥，請加入放涼的沸水或高湯調整稀釋，或加入粥裡再給寶寶食用。
※ 除微波外，也可將食材放入電鍋中，以外鍋1杯水蒸熟。

咕嚕咕嚕期

咕嚕咕嚕期後期的1 week 餐點 Wed. Thu.

Fri. 第1次

香蕉豆漿泥

食材 香蕉
…20g（切成2cm厚的圓片1片）
豆漿…1～2大匙
青花菜…10g（1小朵）

作法
1. 將香蕉磨成滑順細緻的泥狀，加入豆漿混合攪拌。
2. 將青花菜煮軟後，切下青花菜的前端花蕾，磨成滑順細緻的泥狀。
3. 將步驟②加入步驟①混合攪拌，覆蓋保鮮膜，放進微波爐加熱20～30秒即完成。

利用豆漿稀釋，帶來恰到好處的甜味

Fri. 如果要餵 第2次

十倍粥佐青海苔粉

食材 十倍粥（p.22）
…40g（比3大匙略少）
青海苔粉…少許

作法
1. 將十倍粥磨成滑順細緻的泥狀，盛入容器中。
2. 在步驟①撒上青海苔粉即完成。

高湯鯽仔魚胡蘿蔔泥

食材 鯽仔魚…10g（1大匙）
胡蘿蔔（去皮）…10g
（切成1cm厚的圓片1片）
高湯…適量（p.24）

作法
1. 將胡蘿蔔加入高湯煮軟後，磨成滑順細緻的泥狀。
2. 將鯽仔魚浸泡熱水中5分鐘後瀝乾。放入沸水中汆燙3分鐘撈起，瀝乾磨碎。加入步驟①的高湯，稀釋成容易吞嚥的濃稠度。
3. 將步驟②盛入容器中，加入步驟①。混合攪拌後再給寶寶食用。

可漸漸調整為帶有些許顆粒感的粥

可以明顯品嚐到高湯的風味

餐點的實際大小

能量來源　維生素、礦物質來源　蛋白質來源

Sat. 第1次

黃豆粉粥

食材 十倍粥（p.22）…40g（比3大匙略少）
黃豆粉…1／2～1小匙

作法
1. 將十倍粥磨成滑順細緻的泥狀。
2. 將黃豆粉撒入步驟①，混合攪拌即完成。

青花菜泥

食材 青花菜…10g（1小朵）
高湯…適量（p.24）

作法
1. 將青花菜煮軟後，切下青花菜的前端花蕾，磨成滑順細緻的泥狀。
2. 在步驟①加入高湯，稀釋成容易吞嚥的濃稠度。

> 黃豆粉是最簡便的蛋白質來源
> 只使用煮得軟爛的前端花蕾

咕嚕咕嚕期

Sat. 如果要餵 第2次

番茄馬鈴薯泥

食材 馬鈴薯（去皮）…20g（1／8顆）
番茄（去皮去籽）…5g（1小匙果肉）

作法
1. 將番茄磨成滑順細緻的泥狀。
2. 將馬鈴薯煮軟，磨成滑順細緻的泥狀，再加入煮馬鈴薯的水，稀釋成容易吞嚥的濃稠度。
3. 將步驟①與②混合攪拌，覆蓋保鮮膜，放進微波爐加熱20～30秒即完成。

鯛魚佐南瓜醬

食材 鯛魚…10g（生魚片1片）
南瓜（去皮去籽）…10g（2cm塊狀1塊）

作法
1. 煮一鍋沸水，放入南瓜煮軟後取出，磨成滑順細緻的泥狀，再加入煮南瓜的水，稀釋成醬汁狀。
2. 用同一鍋水煮鯛魚，煮熟後也加入少許煮魚水，將魚肉磨碎得細緻滑順。
3. 將步驟②盛入容器中，加入步驟①。混合攪拌後再給寶寶食用。

> 餐點的實際大小
> 以番茄的酸味增添清爽口感
> 甘甜&鮮味的豪華饗宴

咕嚕咕嚕期後期的1 week 餐點 Fri. Sat.

※ 微波時間依微波爐機種與食材含水量而有所不同，請視情況調整。
※ 若寶寶似乎難以吞嚥，請加入放涼的沸水或高湯調整稀釋，或加入粥裡再給寶寶食用。
※ 除微波外，也可將食材放入電鍋中，以外鍋1杯水蒸熟。

Sun. 第 1 次

🟧 地瓜粥

食材 十倍粥（p.22）
…20g（比1大匙略多）
地瓜（去皮）
…10g（2cm 塊狀 1 塊）

作法
1. 將地瓜煮軟，磨成滑順細緻的泥狀。
2. 將十倍粥磨成滑順細緻的泥狀，加入步驟 ① 混合攪拌即完成。

🟩🟥 魩仔魚拌菠菜泥

食材 魩仔魚…10g（1大匙）
菠菜嫩葉…10g（2大片）
高湯…1大匙（p.24）

作法
1. 將菠菜煮軟後切碎，磨成滑順細緻的泥狀。
2. 將魩仔魚浸泡熱水 5 分鐘後瀝乾。放入沸水中汆燙 3 分鐘撈起，瀝乾磨碎。
3. 將步驟 ① 與 ② 混合攪拌即完成。

加入地瓜變身為甜甜的主食

恰到好處的鹹味跟甜粥是絕配

餐點的實際大小

胃口好的孩子可以再添一碗

利用高湯的鮮味讓美味更升級

Sun. 第 2 次（如果要餵）

🟧 十倍粥

食材 十倍粥（p.22）
…40g（比 3 大匙略少）

作法 將十倍粥磨成滑順細緻的泥狀。

🟩🟥 胡蘿蔔豆腐泥

食材 嫩豆腐…25g（比 3cm 塊狀略少）
胡蘿蔔（去皮）…10g
（切成 1cm 厚的圓片 1 片）
高湯…1大匙（p.24）

作法
1. 將胡蘿蔔加入高湯煮軟後，磨成滑順細緻的泥狀，再加入高湯稀釋成容易吞嚥的濃稠度。
2. 將豆腐汆燙一下即可取出，磨成滑順細緻的泥狀。
3. 將步驟 ① 與 ② 混合攪拌即完成。

🟧 能量來源　🟩 維生素、礦物質來源　🟥 蛋白質來源

※ 若寶寶似乎難以下嚥，請加入放涼的沸水或高湯調整稀釋，或加入粥裡再給寶寶吃。

後期餐點日曆

6個月大左右就可以開始嘗試咕嚕咕嚕期後期的餐點。

Mon.

第1次

主食 + 主菜
十倍粥 作法 p.22 ＋ 蕪菁拌蛋黃胡蘿蔔泥 → p.42

如果要餵第2次

＼營養來源／
雙色丼馬鈴薯粥 → p.41

Tue.

第1次

＼營養來源／ + 配菜
黃豆粉豆漿粥佐青蔬 → p.40 ＋ 胡蘿蔔蘋果泥 → p.44

如果要餵第2次

主食 + 主菜
十倍粥 作法 p.22 ＋ 鯛魚高麗菜泥 → p.43

Wed.

第1次

主食 + 主菜
十倍粥 作法 p.22 ＋ 蔬菜豆腐泥 → p.43

如果要餵第2次

＼營養來源／
胡蘿蔔鯛魚粥 → p.40

Thu.

第1次

主食 + 主菜
十倍粥 作法 p.22 ＋ 奶香青花菜魩仔魚 → p.42

如果要餵第2次

＼營養來源／
蛋黃番茄奶香燉飯 → p.40

Fri.

第1次

主食 + 主菜
十倍粥 作法 p.22 ＋ 鯛魚佐番茄醬汁 → p.42

如果要餵第2次

＼營養來源／ + 配菜
南瓜豆腐粥 作法 p.40 ＋ 海苔風味蕪菁泥 → p.44

Sat.

第1次

＼營養來源／
鯛魚胡蘿蔔地瓜粥 → p.41

如果要餵第2次

主食 + 主菜
十倍粥 作法 p.22 ＋ 菠菜豆腐泥 → p.42

Sun.

第1次

＼營養來源／ + 甜點
蛋黃青蔬烏龍麵泥 作法 p.40 ＋ 蘋果泥 → p.44

如果要餵第2次

主食 + 配菜
十倍粥 作法 p.22 ＋ 魩仔魚蕪菁泥 → p.43

★ 本頁是將 p.40～44 的「三合一餐點」、「主菜」、「配菜&甜點」組合起來的一週餐點範例。建議可觀察寶寶用餐的情形與喜好，隨意組合更換餐點，加入本書中沒有的食材也無妨。

★ 用來作為主食的十倍粥，可以從磨得滑順細緻的泥狀，依序漸漸調整為「帶有些許顆粒感」、「不磨泥直接吃」。

★ 基本上一天吃一次副食品，若寶寶吃得順利，一天給兩次也無妨。

營養來源

三合一餐點
一道就備齊三種營養來源

★ 同時具備「能量來源食品」、「維生素、礦物質來源食品」、「蛋白質來源食品」的三合一餐點。

營養來源
香醇溫和的絕妙滋味！
黃豆粉豆漿粥佐青蔬

食材
十倍粥（p.22）…40g（比3大匙略少）
黃豆粉…1／2小匙
原味豆漿…1大匙
菠菜嫩葉…10g（2大片）

作法
1. 將黃豆粉與豆漿加入十倍粥中混合攪拌，磨成滑順細緻的泥狀。
2. 將菠菜煮軟後切碎，磨成滑順細緻的泥狀。
3. 將步驟①盛入容器中，放上步驟②。混合攪拌後再給寶寶食用。

營養來源
在甜粥裡加入豆腐點綴
南瓜豆腐粥

食材
十倍粥（p.22）…40g（比3大匙略少）
嫩豆腐…25g（比3cm塊狀略少）
南瓜（去皮去籽）…10g（2cm塊狀1塊）

作法
1. 將南瓜煮軟，磨成滑順細緻的泥狀。再用同一鍋水，放入豆腐汆燙一下即可取出。
2. 將十倍粥磨成滑順細緻的泥狀，加入南瓜泥混合攪拌後盛入容器。
3. 將豆腐磨成滑順細緻的泥狀，放上步驟②。混合攪拌後再給寶寶食用。

營養來源
鮮豔食材的美味組合
蛋黃番茄奶香燉飯

食材
十倍粥（p.22）…40g（比3大匙略少）
配方奶粉…1小匙
蛋黃…（p.15）…1／4顆
番茄（去皮去籽）…10g（切成扇形片狀1小片）

作法
1. 將十倍粥磨成滑順細緻的泥狀後，倒入鍋中，加入配方奶粉，利用打蛋器混合攪拌，煮得濃稠滑順。煮到一半若水分不夠，可以再加入水分。
2. 將番茄覆蓋保鮮膜，放進微波爐加熱20～30秒，再磨成滑順細緻的泥狀。
3. 將沸水放涼後加入蛋黃，將蛋黃稀釋得滑順細緻。
4. 將步驟①盛入容器中，放上步驟②與③。混合攪拌後再給寶寶食用。

營養來源
鮮味十足的寶寶鯛魚飯
胡蘿蔔鯛魚粥

食材
十倍粥（p.22）…40g（比3大匙略少）
鯛魚…10g（生魚片1片）
胡蘿蔔（去皮）…10g（切成1cm厚的圓片1片）
青海苔粉…少許

作法
1. 將十倍粥磨成滑順細緻的泥狀。
2. 煮一鍋沸水，放入胡蘿蔔煮軟後取出，磨成滑順細緻的泥狀。
3. 用同一鍋水煮熟鯛魚，煮熟後加入少許煮魚水，將魚肉磨碎得細緻滑順。
4. 將步驟②與③加入步驟①混合攪拌，盛入容器中，撒上青海苔粉即完成。

40　🟠 能量來源　🟢 維生素、礦物質來源　🟥 蛋白質來源

咕嚕咕嚕期

Triple in 三合一餐點

雙色丼馬鈴薯粥
馬鈴薯與粥融合出柔和滋味

食材
十倍粥（p.22）
…40g（比3大匙略少）
馬鈴薯（去皮）
…10g（2cm 塊狀 1 塊）
魩仔魚…10g（1大匙）
青花菜…10g（1小朵）

作法
1. 將十倍粥磨成滑順細緻的泥狀。
2. 將馬鈴薯煮軟，磨成滑順細緻的泥狀，再加入煮馬鈴薯的水，稀釋成容易吞嚥的濃稠度。加入步驟①混合攪拌，盛入容器中。
3. 將魩仔魚浸泡熱水5分鐘後瀝乾。放入沸水中氽燙3分鐘撈起，瀝乾磨碎。
4. 將青花菜煮軟後，切下青花菜的前端花蕾，磨成滑順細緻的泥狀。
5. 在步驟②放上步驟③與④，混合攪拌後再給寶寶食用。

黃豆粉香蕉泥佐番茄醬汁
濃郁的香蕉風味中酸味獨樹一幟

食材
香蕉…20g（切成2cm 厚的圓片1片）
黃豆粉…1／2小匙
原味豆漿…1大匙
番茄（去皮去籽）…10g（切成扇形片狀1小片）

作法
1. 將香蕉磨成滑順細緻的泥狀，加入黃豆粉與豆漿混合攪拌，盛入容器中。
2. 將番茄磨成滑順細緻的泥狀，放在步驟①上，覆蓋保鮮膜，放進微波爐加熱30～40秒。混合攪拌後再給寶寶食用。

鯛魚胡蘿蔔地瓜粥
結合了三種絕配滋味

食材
十倍粥（p.22）
…40g（比3大匙略少）
地瓜（去皮）
…10g（2cm 塊狀 1 塊）
鯛魚…10g（生魚片1片）
胡蘿蔔（去皮）
…10g（切成1cm 厚的圓片1片）

作法
1. 將十倍粥磨成滑順細緻的泥狀。
2. 煮一鍋沸水，放入地瓜與胡蘿蔔煮軟後取出，各自磨成滑順細緻的泥狀。
3. 用同一鍋水煮鯛魚，煮熟後加入少許煮魚水，將魚肉磨碎得細緻滑順。
4. 將步驟①與地瓜混合攪拌後盛入容器中，再放上胡蘿蔔與鯛魚。混合攪拌後再給寶寶食用。

蛋黃青蔬烏龍麵泥
黏稠濃郁的全新口感

食材
烏龍麵…20g（1／10包）
蛋黃（p.15）…1／4顆
菠菜嫩葉…10g（2大片）
高湯…1杯（p.24）

作法
1. 將烏龍麵切碎後放入鍋中，加入高湯，煮到烏龍麵變軟為止。
2. 將步驟①磨成滑順細緻的泥狀，加入蛋黃混合攪拌，盛入容器中。
3. 將菠菜煮軟後切碎，磨成滑順細緻的泥狀，放入步驟②。混合攪拌後再給寶寶食用。

★第一次嘗試烏龍麵請從1小匙開始嘗試，待寶寶習慣後再給完整的1餐分（p.15）。

※ 微波時間依微波爐機種與食材含水量而有所不同，請視情況調整。
※ 若寶寶似乎難以下嚥，請加入放涼的沸水或高湯調整稀釋，或加入粥裡再給寶寶食用。
※ 除微波外，也可將食材放入電鍋中，以外鍋1杯水蒸熟。

41

主菜

可以搭配粥品等主食一起享用的餐點

★ 運用「蛋白質來源食品」、「維生素、礦物質來源食品」製作而成的餐點。

用切碎的鰹魚片取代高湯
菠菜豆腐泥

食材
嫩豆腐…25g
（比 3cm 塊狀略少）
菠菜嫩葉…10g（2 大片）
鰹魚片…少許

作法
1. 將豆腐捏碎後放入鍋中，加入 3 大匙水，再用手揉碎鰹魚片放入鍋中，煮 分鐘左右，磨成滑順細緻的泥狀
2. 將菠菜煮軟後切碎，磨成滑順細緻的泥狀。
3. 將步驟 ① 與 ② 盛入容器中，混合攪拌後再給寶寶食用。

過篩後的蛋黃既濕潤又容易下嚥
蕪菁拌蛋黃胡蘿蔔泥

食材
蛋黃（p.15）…1／4 顆
蕪菁（去皮）…10g
（2cm 塊狀 1 塊）
胡蘿蔔（去皮）…5g
（切成 5mm 厚的圓片 1 片）

作法
1. 將蕪菁與胡蘿蔔煮軟後，一起磨成滑順細緻的泥狀。
2. 將蛋黃過篩。
3. 將步驟 ① 與 ② 混合攪拌，加入少許煮過蔬菜的水稀釋成容易吞嚥的濃稠度即完成。

甜甜的奶香讓鯷仔魚更顯溫醇
奶香青花菜鯷仔魚

食材
鯷仔魚…10g（1 大匙）
用熱水泡開的配方奶（或豆漿）…2 小匙
青花菜…10g（1 小朵）

作法
1. 將青花菜煮軟後，切下青花菜的前端花蕾，磨成滑順細緻的泥狀。加入泡開的配方奶混合攪拌。
2. 將鯷仔魚浸泡熱水 5 分鐘後瀝乾。放入沸水中汆燙 3 分鐘撈起，瀝乾磨碎。
3. 將步驟 ① 與 ② 盛入容器中，混合攪拌後再給寶寶食用。

淋上熟透的香甜番茄醬汁
鯛魚佐番茄醬汁

食材
鯛魚…10g（生魚片 1 片）
番茄（去皮去籽）…10g
（切成扇形片狀 1 小片）

作法
1. 將鯛魚煮熟後加入少許煮魚水，將魚肉磨碎得細緻滑順。
2. 將番茄包覆保鮮膜，放進微波爐加熱 20 秒後，磨成滑順細緻的泥狀。
3. 將步驟 ① 盛入容器中，再放上步驟 ②。混合攪拌後再給寶寶食用。

42　🟧 能量來源　🟩 維生素、礦物質來源　🟥 蛋白質來源

咕嚕咕嚕期 主菜

鯛魚高麗菜泥

質地滑順細緻、不殘留纖維

食材　鯛魚…10g（生魚片1片）
　　　高麗菜…10g（1／6片）

作法
1. 煮一鍋沸水，放入高麗菜煮軟後取出，磨成滑順細緻的泥狀。
2. 用同一鍋水煮鯛魚，煮熟後加入少許煮魚水，將魚肉磨碎得細緻滑順。
3. 將步驟①與②混合攪拌，盛入容器中即完成。

魩仔魚蕪菁泥

蔬菜的水分自然增加滑順度

食材　魩仔魚…10g（1大匙）
　　　蕪菁（去皮）…10g
　　　（2cm塊狀1塊）
　　　蕪菁葉…少許

作法
1. 將魩仔魚浸泡熱水5分鐘後瀝乾。放入沸水中汆燙3分鐘撈起，瀝乾磨碎。
2. 將蕪菁與蕪菁葉煮軟，分別磨成滑順細緻的泥狀。
3. 將蕪菁與步驟①混合攪拌後盛入容器中，上方點綴蕪菁葉即完成。

雙色蔬菜豆腐泥

令人安心的美味
很快就咕嚕咕嚕吞下肚

食材　嫩豆腐
　　　…25g（比3cm塊狀略少）
　　　青花菜…10g（1小朵）
　　　胡蘿蔔（去皮）
　　　…5g（切成5mm厚的圓片1片）

作法
1. 煮一鍋沸水，放入青花菜、胡蘿蔔、豆腐一起煮。豆腐汆燙一下即可取出，磨成滑順細緻的泥狀。
2. 青花菜與胡蘿蔔要完全煮軟後再取出。切下青花菜的前端花蕾，加入胡蘿蔔一起磨成滑順細緻的泥狀
3. 將步驟①與②混合攪拌，盛入容器中即完成。

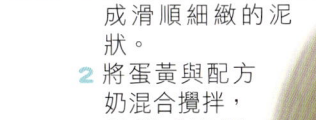

高麗菜佐奶香蛋黃醬

用濃稠滑順的蛋黃包覆住蔬菜

食材　蛋黃（p.15）…1／4顆
　　　用熱水泡開的配方奶（或豆漿）…2小匙
　　　高麗菜…10g（1／6片）

作法
1. 將高麗菜煮軟後，磨成滑順細緻的泥狀。
2. 將蛋黃與配方奶混合攪拌，稀釋成滑順細緻的泥狀後，盛入容器中。放上步驟①，混合攪拌後再給寶寶食用。

◎ 微波時間依照微波爐機種與食材含水量而有所不同，請視情況調整。
◎ 若寶寶似乎難以下嚥，請加入放涼的沸水或高湯調整稀釋，或加入粥裡再給寶寶食用。
◎ 除微波外，也可將食材放入電鍋中，以外鍋1杯水蒸熟。

43

配菜 & 甜點
再多搭配一道蔬菜、海藻、水果等餐點

★ 運用「維生素、礦物質來源食品」製作而成的餐點。
請搭配三合一餐點或主菜一起享用。

餐點的實際大小

胡蘿蔔蘋果泥

食材
胡蘿蔔泥…1小匙
蘋果泥…1小匙

作法 將胡蘿蔔泥、蘋果泥與1大匙水倒入耐熱容器中，覆蓋保鮮膜，放進微波爐加熱20秒～30秒即完成。

清爽的甜味在嘴裡蔓延開來

快速上桌用蕪菁「多上一道菜」

海苔風味蕪菁泥

食材
蕪菁（削除較多厚皮）…5g（1.5cm塊狀1塊）
高湯…2大匙（p.24）
青海苔粉…少許

作法
1 將蕪菁放進耐熱容器，加入高湯，覆蓋保鮮膜，放進微波爐加熱30秒。
2 將步驟①磨成滑順細緻的泥狀，盛入容器中，撒上青海苔粉即完成。

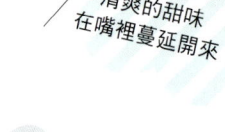

高湯高麗菜

食材
高麗菜…5g（1／2片）
高湯…1／4杯
太白粉水…少許（p.20）

作法
1 將高麗菜煮軟後，磨成滑順細緻的泥狀。
2 將步驟①與高湯倒入鍋中，開火加熱，加入太白粉水營造出滑順口感即完成。

運用豆漿稀釋襯托絕佳口感

餐點的實際大小

豆漿南瓜泥

食材
南瓜（去皮去籽）…5g（1.5cm塊狀1塊）
豆漿…1小匙

作法
1 將南瓜放進耐熱容器，加入1大匙水，覆蓋保鮮膜，放進微波爐加熱30秒。
2 將步驟①磨成滑順細緻的泥狀，加入豆漿混合攪拌即完成。

餐點的實際大小

用微波爐熱一下蘋果泥就好！

蘋果泥

食材 蘋果泥…1小匙

作法 將蘋果泥、2小匙水倒入耐熱容器，覆蓋保鮮膜，放進微波爐加熱20秒～30秒即完成。

最適合搭配豆漿品的和風滋味

44　🟠 能量來源　🟢 維生素、礦物質來源　🟥 蛋白質來源

※ 微波時間依微波爐機種與食材含水量而有所不同，請視情況調整。
※ 除微波外，也可將食材放入電鍋中，以外鍋1杯水蒸熟。

Check!

寶寶可以進階到小口吞嚥期了嗎？

- ✓ 即使是減少了水分含量的黏稠狀副食品，也能靈活動嘴大口享用
- ✓ 一次可以吃下超過半碗的主食與配菜
- ✓ 一天1次或2次的副食品都吃得很開心

菜色 Piont

- ○ 1天吃2次副食品
- ○ 從副食品中攝取的營養約占整體的3～4成
- ○ 每一次用餐都要意識到讓寶寶攝取三種營養來源
- ○ 加入雞柳、鮭魚等新的蛋白質來源
- ○ 可以添加極少量的調味料，油脂控制在1／2小匙以內（p.128）

Part 2

7～8個月左右

小口吞嚥期的副食品食譜

（讓寶寶嘗試用舌頭壓碎副食品並開始慢慢加入新的食材）

　　到了小口吞嚥期，寶寶一天要吃2次副食品，此時寶寶能吃的食材變得更多，餐點的變化也越來越多元了。雖然寶寶可能會排斥新的味道，但只要反覆嘗試，寶寶就能漸漸接受。若是太心急，突然給寶寶吃太硬、太大塊的食物，寶寶可能會囫圇吞棗吞進肚裡，或是直接吐出來。建議每次只調整一種食材的硬度，觀察寶寶食用的情形，再慢慢調整食材的軟硬度。

能量來源食品家族

一次選擇一種食材時的用量（若選兩種則各需減半）

就是這麼大！

小口吞嚥期前期
適合的食材
實際大小
一次的分量

到了這個時期，許多寶寶都會變得不愛吃沒味道的粥。可在粥裡加入其他食材，或將主食變換成麵包粥、烏龍麵等，換點花樣吧！

五倍粥 50g
（七倍粥）
→後期則為 80g

可以開始嘗試較軟的七倍粥。接著逐漸減少水分，轉換為五倍粥，分量也可以逐漸增加。

吐司 15g
（8片裝吐司1／3片）
→後期則為 20g
（8片裝吐司、比1／2片略少）

當寶寶嘗試過烏龍麵，確定小麥製品沒問題後，就可以從油脂與鹽分較少的吐司開始嘗試。

馬鈴薯 45g
→後期則為 75g

由於馬鈴薯的含醣量高，可以當作能量來源食品。將馬鈴薯煮軟後磨成泥狀，再加入煮馬鈴薯的水稀釋，調整軟硬度。

乾燥麵線 10g
→後期則為 15g

玉米片 10g
→後期則為 15g

烏龍麵
35g（比1／5包略少）
→後期則為 55g（比1／4包略多）

比乾燥麵條更柔軟的「烏龍麵」，很適合在一開始給寶寶嘗試。將烏龍麵切碎後，放進沸水中煮軟。

★ 義大利麵比較硬，可以等到練習咀嚼期再開始嘗試。
★ 生拉麵比較不易消化，建議等到大口享用期再嘗試。

46　　能量來源　　維生素、礦物質來源　　蛋白質來源　　★關於食物過敏請見 p.14

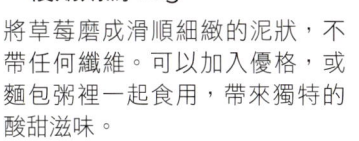

維生素、礦物質來源食品家族

一次選擇一種食材時的用量（若選兩種則各需減半）

將蔬菜煮軟到可以用手指輕壓就捏碎的程度吧！
到了小口吞嚥期，切碎蔬菜時可稍微保留一些顆粒感。

※ 海藻類具有豐富的營養，建議可經常使用於副食品。當寶寶沒有吃水果時，蔬菜多吃一點就沒問題。

小口吞嚥期

適合的食材實際大小

蔬菜

高麗菜 15g
→後期則為 20g
切除較硬的菜梗，將菜葉煮軟。由於高麗菜的纖維比較難以吞嚥，建議可磨成泥、或是切碎後再給寶寶食用。

青花菜 15g
→後期則為 20g
將青花菜煮軟後，用菜刀切下青花菜的前端花蕾。如果寶寶不喜歡青花菜的顆粒感，可以加點粥或勾芡會比較容易下嚥。

南瓜 15g
→後期則為 20g
可以用沸水煮軟，或是包覆保鮮膜放進微波爐加熱會比較方便。可觀察寶寶食用的情形，調整磨泥的程度。

胡蘿蔔 15g
→後期則為 20g
可以用沸水煮軟，或是先磨成泥後再加熱。也可以運用高湯熬煮胡蘿蔔，烹調成寶寶喜歡的口味。

白蘿蔔 15g
→後期則為 20g
由於白蘿蔔靠近根部的位置會比較硬，中段較軟的部分比較適合用來製作副食品。用沸水將白蘿蔔煮軟。

海藻

烤海苔片
片（8片切海苔）
→後期也一樣

乾燥的烤海苔片很容易黏在喉嚨裡，務必要特別留意！可將烤海苔片撕碎後加水營造濕潤感，或直接放進粥裡混合攪拌再給寶寶食用。

水果

草莓 5g
→後期則為 10g
將草莓磨成滑順細緻的泥狀，不帶任何纖維。可以加入優格，或麵包粥裡一起食用，帶來獨特的酸甜滋味。

食材的實際大小

蛋白質來源食品家族

一次選擇一種食材時的用量（若選兩種則各需減半）

到了小口吞嚥期就可以開始嘗試雞柳、鮭魚、紅肉魚、豆類等，蛋白質來源食品的種類一口氣拓展了許多。為寶寶陸續增添新的食材吧！

魚

鮭魚 10g
→後期則為 15g

由於鹽漬鮭魚的鹽分較多，請選擇無調味的鮭魚製作副食品。記得選用脂肪較少的部位喔！

鮪魚 10g（生魚片1片）
→後期則為 15g（生魚片1大片）

紅肉魚能為寶寶補充鐵質與DHA。鮪魚要選瘦肉部位、鰹魚要選背側肉。

水煮鮪魚 10g（2／3大匙）
→後期則為 15g（1大匙）

製作副食品時，要選擇沒有加鹽的水煮鮪魚罐頭。使用起來很方便，不妨常備於家中。

黃豆製品

嫩豆腐 30g
→後期則為 40g

嫩豆腐最適合讓寶寶練習用舌頭壓碎食物。難以吞嚥的蔬菜及肉類，建議可拌入豆腐讓寶寶食用。

碎粒納豆 10g（1大匙）
→後期則為 15g（比1大匙略多）

已經切成碎狀顆粒的碎粒納豆，運用起來非常方便。一開始嘗試納豆時，可以先加熱會比較好消化。

肉類

雞柳 10g →後期則為 15g

剛開始嘗試肉類，要從脂肪較少、容易消化吸收的雞柳開始試起。將雞柳煮熟後仔細切碎、或是磨成泥狀。

乳製品

優格 50g →後期則為 70g

要選擇沒有加糖的優格。平時可運用優格為副食品增添風味，或增加黏稠感，使用起來非常方便。

蛋

蛋黃 1顆
→後期則為 1／3顆全蛋

慢慢增加蛋黃的分量，等到寶寶可以吃完一整顆蛋黃後，再從少量的蛋白開始嘗試。

能量來源　維生素、礦物質來源　蛋白質來源

★關於食物過敏請見 p.14

48

小口吞嚥期
要給寶寶吃多少量？

實際大小
餐點

到了小口吞嚥期，可以逐漸調整副食品的硬度與大小，讓寶寶多練習用舌頭與上顎壓碎食物。因為現階段一天要吃兩次副食品，可以在味道方面多花點心思，例如運用高湯、蔬菜湯、番茄口味或奶香口味等變換副食品的風味。

奇異果優格
將 5g 奇異果去籽，仔細切碎後，放進微波爐加熱。或直接放入沸水中汆燙取出後放涼。搭配 1 大匙原味優格一起享用。

高湯蔬菜
將 10g 高麗菜與 5g 胡蘿蔔仔細切碎，加入 1／2 杯高湯煮軟即完成。

鮭魚粥
將 50～80g 的五倍粥（p.22）盛入容器中。將 10g 鮭魚（去皮去骨）燙熟後仔細剝碎，放在粥上。撒上少許青海苔粉即完成。

適合的食材　實際大小 ●1／a1m／餐點實際大小

餐點的實際大小

寶寶 7 個月左右、尚未完全習慣小口吞嚥前，適合的餐點都在這裡！

前期 1week 餐點

★ 分量與質地僅供參考。請觀察寶寶實際吃副食品的情形，將食材調整成適合寶寶自己小口吞嚥的軟硬度。
★ 現階段粥品吃的是五倍粥（或七倍粥）。
★ 試著多運用一些魚類、肉類等不同的蛋白質來源食品，拓展出更多變化！

Mon. 第 1 次

將蔬菜與雞肉滑順吸入口中

若寶寶喜歡較軟的食物，則準備七倍粥

五倍粥
食材 五倍粥（p.22）…50g（比 3 大匙略多）

雞柳菠菜羹
食材
雞柳…10g（1／5 條）
菠菜嫩葉…15g（3 大片）
高湯…1／4 杯（p.24）
太白粉水…少許（p.20）

作法
1. 將菠菜煮軟後，仔細切碎。將雞柳煮熟，仔細切碎。
2. 將高湯倒入鍋中煮沸，加入步驟①稍微煮一下，再倒入太白粉水營造出滑順口感即完成。

Mon. 第 2 次

不需要花時間切的碎粒納豆非常方便

運用優格帶走粗糙口感

餐點的實際大小

海苔豆香粥
食材
五倍粥（p.22）…50g（比 3 大匙略多）
碎粒納豆…10g（1 大匙）
烤海苔片…少許

作法
1. 將五倍粥盛入容器中，放進納豆混合攪拌。覆蓋保鮮膜，放進微波爐加熱 1 分鐘，盛入容器中。
2. 將烤海苔片撕碎，加入少許水分營造濕潤感，放入步驟①。仔細混合攪拌後再給寶寶食用。

★ 剛開始嘗試納豆時，建議要加熱烹調後再給寶寶食用。因為加熱後的納豆會比較好消化。

南瓜優格
食材
南瓜（去皮去籽）…15g（2.5cm 塊狀 1 塊）
原味優格…1 小匙

作法
1. 將南瓜煮軟後，仔細磨碎。
2. 將步驟①盛入容器中，淋上優格。混合攪拌後再給寶寶食用。

能量來源　維生素、礦物質來源　蛋白質來源

Tue. 第1次

纖養來源

🟧🟩⬜ 豆腐蔬菜烏龍麵丁

食材
烏龍麵…35g（比1／5包略少）
嫩豆腐…30g（1／10塊）
高麗菜…10g（1／6片）
胡蘿蔔（去皮）…5g
（切成5mm厚的圓片1片）
高湯…1杯（p.24）

作法
1. 將豆腐切成5mm的小丁。
2. 將高麗菜、胡蘿蔔與烏龍麵切碎。
3. 將高湯倒入鍋中，加入步驟②，一直煮到蔬菜與烏龍麵都變軟為止。
4. 加入步驟①再繼續煮一下即完成。

🟩 草莓泥

食材
草莓…5g（1／2小顆）

作法
將草莓磨成泥狀，不殘留任何纖維，再放進微波爐中加熱即完成。

有彈性的烏龍麵要確實煮軟
餐點的實際大小
不殘留纖維、容易吞嚥

小口吞嚥期
小口吞嚥期前期的1week 餐點 Mon. Tue.

Tue. 第2次

🟧 五倍粥佐鰹魚海苔粉

食材
五倍粥（p.22）…50g
（比3大匙略多）
青海苔粉、鰹魚片…各少許

作法
將五倍粥盛入容器中，用手指捏碎鰹魚片，與青海苔粉一起加入五倍粥。混合攪拌後再給寶寶食用。

🟥🟩 鮭魚蘿蔔泥

食材
鮭魚（去皮去骨）
…10g（1／12片鮭魚切片）
白蘿蔔泥…1大匙
白蘿蔔葉…少許
高湯…1／4杯（p.24）

作法
1. 將白蘿蔔葉與鮭魚仔細切碎。
2. 在鍋中倒入高湯、白蘿蔔泥與步驟①，開小火煮1～2分鐘即完成。

增添青海苔粉與鰹魚片的風味
白蘿蔔的辣味經過加熱會轉為甜味

※ 微波時間依微波爐機種與食材含水量而有所不同，請視情況調整。
※ 除微波外，也可將食材放入電鍋中，以外鍋1杯水蒸熟。

51

Wed. 第1次

番茄酸味襯托出魚的鮮味

番茄鮪魚丼

食材
五倍粥（p.22）
…50g（比3大匙略多）
鮪魚…10g（生魚片1片）
番茄（去皮去籽）
…15g（切成扇形片狀1片）
高湯1／4杯（p.24）

作法
1. 將番茄大致切碎，鮪魚仔細切碎。
2. 在鍋中倒入高湯與番茄，煮滾後再加入鮪魚稍微煮一下。
3. 將五倍粥盛入容器中，再加入步驟②即完成。

餐點的實際大小

Wed. 第2次

五倍粥

食材　五倍粥（p.22）…50g
（比3大匙略多）

鰹魚風味青花菜豆腐羹

食材
嫩豆腐…30g（1／10塊）
青花菜…15g（1又1／2小朵）
鰹魚片…少許
太白粉水…少許（p.20）

作法
1. 切下青花菜的前端花蕾，將豆腐切成5mm的小丁。
2. 在鍋中加入青花菜、1／3杯水，開火將青花菜煮軟。
3. 用手指捏碎鰹魚片與豆腐，加入鍋中混合攪拌，再倒入太白粉水營造出滑順口感即完成。

以滑順口感包覆青花菜的顆粒感

在寶寶小口吞嚥時穿插搭配五倍粥

能量來源　　維生素、礦物質來源　　蛋白質來源

Thu. 第1次

感冒時吃蛋黃粥能提升免疫力

餐點的實際大小

🥚 蛋黃粥

食材 五倍粥（p.22）
…50g（比 3 大匙略多）
蛋黃（p.15）…1／2 顆

作法 將五倍粥與蛋黃混合攪拌即完成。

🐟 魩仔魚高麗菜泥

鮒仔魚的淡淡鹹味最適合搭配溫醇的主食

食材 魩仔魚…5g（1／2 大匙）
高麗菜…15g（1／4 片）
高湯…1／3 杯（p.24）
太白粉水…少許（p.20）

作法
1. 將高麗菜煮軟後切碎。
2. 將魩仔魚浸泡熱水 5 分鐘後瀝乾。放入沸水中汆燙 3 分鐘撈起，瀝乾切碎。
3. 將高湯、步驟①與②倒入鍋中，煮滾後倒入太白粉水營造出滑順口感即完成。

Thu. 第2次

南瓜的甜味令人安心

🍲 南瓜雞柳烏龍麵丁

食材 烏龍麵…35g（比1／5 包略少）
雞柳…10g（1／5 條）
南瓜（去皮去籽）
…15g（2.5cm 塊狀 1 塊）
高湯…1／2 杯（p.24）
青海苔粉…少許

作法
1. 將南瓜煮軟後磨成泥狀。用同一鍋沸水將雞柳燙熟，取出仔細切碎。
2. 將烏龍麵仔細切碎後放入鍋中，加入高湯，將烏龍麵煮軟。
3. 將步驟②盛入容器中，放上步驟①，撒上青海苔粉。混合攪拌後再給寶寶食用。

小口吞嚥期

小口吞嚥期前期的 1 week 餐點 Wed. Thu.

Fri. 第 1 次

🟧 五倍粥

食材 五倍粥（p.22）
…50g（比 3 大匙略多）
烤海苔片…少許

作法 將五倍粥盛入容器中，將烤海苔片仔細捏碎後撒在五倍粥上。混合攪拌，讓海苔徹底濕潤後再給寶寶食用。

🟩 豆香蘿蔔泥湯

食材 碎粒納豆…10g（1 大匙）
白蘿蔔泥…1 大匙
白蘿蔔葉…少許
高湯…1／4 杯（p.24）

作法
1. 將白蘿蔔葉仔細切碎。
2. 將高湯、白蘿蔔泥、步驟 ① 倒入鍋中，開小火煮 1～2 分鐘。
3. 最後加入納豆，再稍微煮一下即完成。

將海苔完全沾濕，別讓寶寶噎到

溫醇濃郁！也可以拌入粥中一起食用

餐點的實際大小

Fri. 第 2 次

口感滑順的蔬菜泥很容易吞嚥

🟩 營養來源 馬鈴薯鮭魚烏龍麵丁

食材 烏龍麵…35g（比 1／5 包略少）
鮭魚（去皮去骨）
…10g（1／12 片鮭魚切片）
胡蘿蔔（去皮）…15g
（切成 1.5cm 厚的圓片 1 片）
馬鈴薯（去皮）
…10g（2cm 塊狀 1 塊）
高湯…1／2 杯（p.24）

作法
1. 將鮭魚、烏龍麵仔細切碎。
2. 將馬鈴薯、胡蘿蔔磨成泥狀。
3. 將高湯、步驟 ① 與 ② 倒入鍋中，煮到烏龍麵完全變軟即完成。

🟧 能量來源　🟩 維生素、礦物質來源　🟥 蛋白質來源

Sat. 第1次

營養來源

香蕉胡蘿蔔麵包粥

食材 吐司…10g（8片裝吐司、比1／4片略少）
香蕉…10g（切成1cm厚的圓片1片）
牛奶…1／4杯
胡蘿蔔（去皮）…15g（切成1.5cm厚的圓片1片）

作法
1. 將胡蘿蔔煮軟後，磨成泥狀。
2. 將吐司切碎後放入耐熱容器，倒入牛奶浸泡吐司。
3. 將香蕉磨碎後，放入步驟②，覆蓋保鮮膜，放進微波爐加熱30秒。仔細混合攪拌，盛入容器中。
4. 將步驟① 放上步驟③，混合攪拌後再給寶寶食用。

餐點的實際大小

宛如甜點般的甜美滋味超受歡迎

小口吞嚥期

小口吞嚥期前期的 1 week 餐點 Fri. Sat.

彩椒清爽的香味

將豆腐和青菜咕嚕咕嚕吃下肚

Sat. 第2次

營養來源

彩椒鮑仔魚粥

食材 五倍粥（p.22）…50g（比3大匙略多）
鮑仔魚…5g（1／2大匙）
彩椒（去皮去籽）…5g（3cm大的彩椒1顆）

作法
1. 將彩椒切碎。
2. 將鮑仔魚浸泡熱水5分鐘後瀝乾。放入沸水中汆燙3分鐘撈起，瀝乾切碎。
3. 將五倍粥、步驟① 與② 倒入耐熱容器中，無需覆蓋保鮮膜，直接放進微波爐加熱30秒，混合攪拌即完成。

營養來源

豆腐拌菠菜泥

食材 嫩豆腐…15g（2.5cm 塊狀1塊）
菠菜嫩葉…10g（2大片）

作法
1. 將豆腐汆燙一下即可取出，磨成泥狀。
2. 將菠菜煮軟並切碎，加入步驟① 混合攪拌即完成。

※ 微波時間依微波爐機種與食材含水量而有所不同，請視情況調整。
※ 除微波外，也可將食材放入電鍋中，以外鍋1杯水蒸熟。

55

Sun. 第1次

適合用來調整主食的軟硬度

只要用常見食材就能做好是最大優點

🍚 鮪魚拌馬鈴薯泥

食材 馬鈴薯（去皮）…45g（比1／3顆略少）
水煮鮪魚罐頭…10g（2／3大匙）

作法
1. 將馬鈴薯煮軟後，磨成泥狀。若還是有點硬，可加入煮馬鈴薯的水稀釋馬鈴薯泥。
2. 將鮪魚加入步驟①，混合攪拌即完成。

🥦 番茄菠菜湯

食材 番茄（去皮去籽）
…10g（切成扇形片狀1小片）
菠菜嫩葉…5g（1大片）
高湯…1／4杯（p.24）

作法
1. 將菠菜煮軟後，仔細切碎。將番茄大致切碎。
2. 將高湯倒入鍋中煮滾後，放入步驟①再稍微煮一下即完成。

Sun. 第2次

營養來源 青花菜蛋黃麵包粥

食材 吐司…15g
（8片裝吐司1／3片）
蛋黃（p.15）
……1／2～1顆
青花菜…20g（2小朵）
蔬菜湯…1／4杯（p.24）

作法
1. 將青花菜煮軟後，切下青花菜的前端花蕾。
2. 將吐司切碎後放入耐熱容器，倒入蔬菜湯浸泡吐司。
3. 攪散蛋黃後加入步驟②，再加入步驟①混合攪拌，覆蓋保鮮膜，放進微波爐加熱1分鐘即完成。

餐點的實際大小

寶寶漸漸習慣後，就可以吃一整顆蛋黃了

🟡 能量來源　🟢 維生素、礦物質來源　🟠 蛋白質來源

後期餐點日曆

8個月大左右就可以開始嘗試小口吞嚥期後期的餐點。

小口吞嚥期

小口吞嚥期前期的1week餐點 Sun./後期的餐點日曆

Mon.

第1次
- 主食：五倍粥 作法 p.22
- 主菜：南瓜雞肉羹 → p.61

第2次
- ＼營養來源／：豆香蘿蔔泥烏龍麵 → p.58

Tue.

第1次
- ＼營養來源／：鮪魚菠菜麵包粥 → p.59
- 甜點：番茄蘋果沙拉 → p.62

第2次
- 主食：五倍粥 作法 p.22
- 主菜：雙色蘿蔔泥豆腐 → p.60

Wed.

第1次
- ＼營養來源／：高麗菜鮭魚粥 → p.58
- 甜點：水果優格 → p.62

第2次
- 主食：麵包粥 作法 p.23
- 主菜：水煮蛋馬鈴薯沙拉 → p.61

Thu.

第1次
- 主食：五倍粥 作法 p.22
- 主菜：青花菜雞肉羹 → p.61

第2次
- ＼營養來源／：豆腐蔬菜湯麵線 → p.58

Fri.

第1次
- ＼營養來源／：南瓜玉米片優格 → p.59
- 配菜：番茄高麗菜湯 → p.62

第2次
- 主食：五倍粥 作法 p.22
- 主菜：奶香鮪魚菠菜 → p.60

Sat.

第1次
- ＼營養來源／：麵包粥 作法 p.23
- 主菜：鮪魚番茄煮豆腐 → p.60

第2次
- ＼營養來源／：胡蘿蔔雞柳丼 → p.58
- 主菜：奶香白菜 → p.62

Sun.

第1次
- 主食：五倍粥 作法 p.22
- 甜點：豆香高麗菜丁 → p.60

第2次
- ＼營養來源／：番茄蛋黃麵包粥 → p.59

★ 是將 p.58～62 的「三合一餐點」、「主菜」、「配菜＆甜點」組合起來的一週餐點範例。建議可觀察寶寶用餐的情形與喜好，隨意組合更換餐點，加入本書中沒有的食材也無妨。
★ 用來作為主食的粥品，可延續小口吞嚥期前期繼續吃五倍粥（或七倍粥）。
★ 若小口吞嚥期進展順利，就可以試著將食材切得比前期更粗大一些，逐漸調整軟硬度與顆粒大小。
★ 若寶寶鐵質攝取不足，請在副食品中加入紅肉魚、蛋與黃豆製品等食材。

營養來源

三合一餐點
一道就備齊三種營養來源

★ 同時具備「能量來源食品」、「維生素、礦物質來源食品」、「蛋白質來源食品」的三合一餐點。

營養來源 以柔和的色彩與味覺療癒人心
高麗菜鮭魚粥

食材
五倍粥（p.22）
…80g（兒童碗約八分滿）
鮭魚（去皮去骨）
…15g（1／8 片鮭魚切片）
高麗菜…20g（1／3 片）

作法
1. 將高麗菜切碎。
2. 將步驟①、鮭魚、可蓋過食材的水倒入鍋中，一直煮到高麗菜變軟為止。待鮭魚全熟後，在鍋中壓碎魚肉。
3. 將五倍粥加入步驟②，仔細混合攪拌即完成。

營養來源 軟濕的湯麵有助消化
豆腐蔬菜湯麵線

食材
乾燥麵線
…15g（比1／3 把略少）
嫩豆腐…40g（1／8 塊）
高麗菜…15g（1／4 片）
高湯…1 杯（p.24）

作法
1. 將乾燥麵線折碎，下水煮2 分鐘即可撈起，浸泡於冷開水中再濾乾水分。
2. 將高麗菜、胡蘿蔔切碎。
3. 將高湯、豆腐倒入鍋中，用打蛋器將豆腐仔細搗碎。將步驟②放入鍋中，開火將蔬菜煮軟。
4. 加入步驟①，再稍微煮一下即完成。

營養來源 甜甜的胡蘿蔔勾芡最適合配粥
胡蘿蔔雞柳丼

食材
五倍粥（p.22）
…80g（兒童碗約八分滿）
雞柳
…15g（比1／3 條略少）
胡蘿蔔（去皮）…20g
（切成2cm 厚的圓片1 片）
高湯…1／2 杯（p.24）
太白粉水…少許（p.20）

作法
1. 將雞柳仔細切碎、胡蘿蔔磨成泥狀。
2. 將高湯、胡蘿蔔泥倒入鍋中，整鍋煮滾後，加入雞柳煮熟，再倒入太白粉水營造出滑順口感。
3. 將五倍粥盛入容器中，倒入步驟②即完成。

餐點的實際大小

營養來源 用白蘿蔔泥讓麵變得更清爽
豆香蘿蔔泥烏龍麵

食材
烏龍麵…55g
（比1／4 包略多）
碎粒納豆…15g
（比1 大匙略多）
白蘿蔔泥…1 大匙
白蘿蔔葉…少許
高湯…1 杯（p.24）

作法
1. 將白蘿蔔葉、烏龍麵仔細切碎。
2. 將步驟①、白蘿蔔泥、高湯倒入鍋中，一直煮到烏龍麵變軟為止。
3. 將納豆加入步驟②，大致攪拌一下即完成。

餐點的實際大小

58　🟠能量來源　🟢維生素、礦物質來源　🟠蛋白質來源

只要用1個容器微波就好！營養滿分
鮪魚菠菜麵包粥

食材
吐司…20g（8片裝吐司、比1／2片略少）
水煮鮪魚罐頭…15g（1大匙）
菠菜嫩葉…20g（4大片）
蔬菜湯…1／3杯（p.24）
起司粉…少許

作法
1. 將吐司切碎。菠菜煮軟後，仔細切碎。
2. 將步驟①、鮪魚、蔬菜湯倒入耐熱容器中混合攪拌，覆蓋保鮮膜，放進微波爐加熱1分鐘。
3. 盛入容器中，撒上起司粉即完成。

蛋黃的濃郁香味
番茄蛋黃麵包粥

食材
吐司…20g（8片裝吐司、比1／2片略少）
蛋黃（p.15）…1／2顆
牛奶…2大匙
番茄（去皮去籽）…20g（1／8顆）
蔬菜湯…1／4杯（p.24）

作法
1. 將吐司切碎，番茄大致切碎。
2. 用濾茶網等器具將蛋黃過篩。
3. 將步驟①、牛奶、蔬菜湯倒入耐熱容器中混合攪拌，覆蓋保鮮膜，放進微波爐加熱1分鐘。
4. 盛入容器中，放入步驟②。混合攪拌後再給寶寶食用。

餐點的實際大小

黏稠的口感 很適合小口吞嚥
南瓜玉米片優格

食材
原味玉米片…15g（3／4杯）
原味優格…50g（比3大匙略多）
南瓜（去皮去籽）…20g（2cm塊狀2塊）

作法
1. 將南瓜煮軟後，磨成泥狀。
2. 將玉米片倒入塑膠袋中，用手仔細捏碎。
3. 將優格、步驟②倒入碗中混合攪拌。待玉米片泡軟後，再加入步驟①混合攪拌。若水分不夠，可加入步驟①的煮南瓜水調整稀釋即完成。

適合作為忙碌日子裡的早餐
青花菜魩仔魚玉米片

食材
原味玉米片…15g（3／4杯）
魩仔魚…15g（1又1／2大匙）
青花菜…20g（2小朵）

作法
1. 切下青花菜的前端花蕾。將魩仔魚浸泡熱水5分鐘後瀝乾。放入沸水中汆燙3分鐘撈起，瀝乾切碎。
2. 將玉米片倒入塑膠袋中，用手仔細捏碎。
3. 將青花菜、1／2杯水倒入鍋中，煮到青花菜變軟為止。接著再加入魩仔魚、步驟②，煮到所有食材都變得濕潤軟濕即完成。

餐點的實際大小

小口吞嚥期

Triple in 三合一 餐點

59

主菜
可以搭配粥品等主食一起享用的餐點
★ 運用「蛋白質來源食品」、「維生素、礦物質來源食品」製作而成的餐點。

與蔬菜泥一起微波加熱的溫熱豆腐
雙色蘿蔔泥豆腐

食材
嫩豆腐…40g（1／8塊）
白蘿蔔泥…1大匙
胡蘿蔔泥…1小匙

作法 依照豆腐、白蘿蔔泥、胡蘿蔔泥的順序，將食材放入耐熱容器中，無需覆蓋保鮮膜，直接放進微波爐加熱40秒。將豆腐壓碎，混合攪拌後再給寶寶食用。

用黏稠的納豆結合蔬菜碎粒
豆香高麗菜丁

食材
碎粒納豆…15g（比1大匙略多）
高麗菜…20g（1／3片）

作法
1 將高麗菜煮軟後切碎。
2 將步驟①與納豆混合攪拌即完成。

添加牛奶使口感變得濕潤柔滑
奶香鮪魚菠菜

食材
鮪魚…15g（生魚片1大片）
菠菜嫩葉…20g（4大片）
牛奶…1又1／2大匙

作法
1 將菠菜煮軟後，仔細切碎。鮪魚只要稍微燙一下即可取出，仔細切碎。
2 將牛奶、鮪魚倒入耐熱容器中，無需覆蓋保鮮膜，直接放進微波爐加熱30秒。
3 將菠菜加入步驟②，混合攪拌即完成。

適合搭配粥品或麵包
鮪魚番茄煮豆腐

食材
嫩豆腐…30g（1／10塊）
水煮鮪魚罐頭…5g（1小匙）
番茄（去皮去籽）…20g（1／8顆）

作法
1 將豆腐切成5mm的小丁，番茄大致切碎。
2 將步驟①倒入耐熱容器中混合攪拌，加入鮪魚，無需覆蓋保鮮膜，直接放進微波爐加熱30秒。混合攪拌後再給寶寶食用。

60　能量來源　　維生素、礦物質來源　　蛋白質來源

南瓜雞肉羹

抹上太白粉的雞肉口感相當滑順

食材 雞柳…15g（比1／3條略少）
太白粉…適量
南瓜（去皮去籽）
…20g（2cm 塊狀 2 塊）
高湯…1／2 杯（p.24）

作法
1. 將南瓜、高湯倒入鍋中，將南瓜煮軟取出，磨成泥狀後用保鮮膜塑型，盛入容器中。
2. 將雞柳切碎，抹上太白粉。
3. 將步驟①的高湯再次煮滾，放入步驟②，煮熟後淋在南瓜泥上即完成。

青花菜雞肉羹

以脂肪較少的雞胸肉呈現高雅風味

食材 雞胸絞肉…15g（1 大匙）
青花菜…20g（2 小朵）
蔬菜湯…1／3 杯
太白粉水…少許（p.20）

作法
1. 切下青花菜的前端花蕾。
2. 將蔬菜湯、步驟①、雞胸絞肉倒入鍋中並開火，一邊煮一邊攪散絞肉。
3. 待青花菜煮軟、雞肉也煮熟後，加入太白粉水營造出滑順口感即完成。

水煮蛋馬鈴薯沙拉

運用優格的柔和酸味畫龍點睛

食材 水煮蛋…1／3 顆
馬鈴薯（去皮）
…20g（1／8 顆）
小黃瓜（去皮）…10g（1／10 根）
原味優格…1 小匙

作法
1. 將全熟水煮蛋的蛋黃與蛋白分開處理，蛋黃大致壓碎，蛋白則需切碎。
2. 將馬鈴薯煮軟後取出，磨成泥狀後再加入煮馬鈴薯的水與優格，稀釋馬鈴薯泥。
3. 將小黃瓜磨成泥狀。
4. 將步驟①加入步驟②混合攪拌，盛入容器中，並放上步驟③即完成。

高麗菜蘿蔔拌蛋黃

用稀釋的蛋黃包裹住蔬菜

食材 蛋黃（p.15）…1／2 顆
高麗菜…10g（1／6 片）
白蘿蔔（去皮）
…10g（半圓形片狀1片）

作法
1. 將高麗菜與白蘿蔔煮軟後切碎。
2. 取1大匙步驟①的煮菜水稀釋蛋黃。
3. 將步驟①與②盛入容器中，混合攪拌後再給寶寶食用。

※ 微波時間依微波爐機種與食材含水量而有所不同，請視情況調整。
※ 除微波外，也可將食材放入電鍋中，以外鍋1杯水蒸熟。

61

配菜 & 甜點

再多搭配一道蔬菜、海藻、水果等餐點

★ 運用「維生素、礦物質來源食品」製作而成的餐點。
請搭配三合一餐點或主菜一起享用。

用高湯稀釋襯托淡淡的甜味

用湯品調整配菜的濃稠度

餐點的實際大小

南瓜濃湯

食材 南瓜（去皮去籽）…10g（2cm 塊狀 1 塊）
高湯…適量

作法
1. 將南瓜放入耐熱容器，淋上 1 大匙的水，覆蓋保鮮膜，放進微波爐加熱 30 秒。
2. 將步驟①磨成滑順細緻的泥狀，加入高湯稀釋南瓜泥即完成。

可以調整為寶寶喜歡的濃稠度

餐點的實際大小

奶香白菜

食材 白菜…10g（1／10 片）
蔬菜湯…1／4 杯
牛奶…1 大匙
太白粉水…少許

作法
1. 將白菜切碎。
2. 將步驟①、蔬菜湯、牛奶倒入鍋中，一直煮到白菜變軟為止。
3. 加入太白粉水營造出滑順口感即完成。

番茄高麗菜湯

食材 番茄（去皮去籽）…5g（1 小匙果肉）
高麗菜…5g（1／12 片）
蔬菜湯…1／2 杯

作法
1. 將番茄大致切碎、高麗菜切碎。
2. 將蔬菜湯、步驟①倒入鍋中，煮到蔬菜變軟即完成。

增添蘋果果汁的甜味及香氣

結合了三種口味真讓人開心！

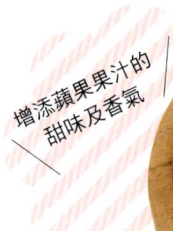

餐點的實際大小

番茄蘋果沙拉

食材 番茄（去皮去籽）…10g（切成扇形片狀 1 小片）
蘋果泥…1 小匙

作法
1. 將番茄大致切碎。
2. 將步驟①、蘋果泥、1／2 小匙的水倒入耐熱容器中，覆蓋保鮮膜，放進微波爐加熱 20～30 秒即完成。

水果優格

食材 香蕉…10g（切成 1cm 厚的圓片 1 片）
橘子（去皮）…10g（1 瓣）
優格…1／2 大匙

作法
1. 將香蕉與橘子仔細切碎，放進微波爐中加熱。
2. 將優格盛入容器中，放上步驟①混合攪拌後再給寶寶食用。

62　🟧 能量來源　🟩 維生素、礦物質來源　🟥 蛋白質來源

Part 3

9～11個月左右
練習咀嚼期的副食品食譜

Check!

寶寶可以進階到練習咀嚼期了嗎？
- ✓ 可以動動嘴巴咬碎如豆腐般軟嫩的塊狀食物
- ✓ 一餐可以吃下一小碗兒童碗的分量
- ✓ 可以用牙齦磨碎薄片香蕉

菜色 Piont

- ☐ 1 天吃 3 次副食品
- ☐ 從副食品中攝取的營養約占整體的 6～7 成
- ☐ 要讓寶寶多多攝取肝臟、紅肉、紅肉魚、蛋（動物性食品來源的血紅素鐵吸收率較高）
- ☐ 試著讓寶寶用手拿著吃、分食大人的食物
- ☐ 可以添加極少量的調味料，油脂控制在 3／4 小匙以內（p.128）

（營養主要來自於副食品！一天要吃一次含鐵量高的食材）

到了這個階段，若是寶寶沒有將主要的營養來源轉移成副食品，就很容易導致「鐵質」不足。9 個月大之後，一天便需攝取三次副食品，以母乳為主的寶寶很容易有缺鐵性貧血的問題，因此一天至少要給寶寶吃一次富含鐵質的食材。全家人一起用餐時，不妨試著將大人的餐點「分一點給寶寶當作副食品」吧！

就是這麼大！

練習咀嚼期**前期**
適合的食材
實際大小

一次的分量

能量來源食品家族

一次選擇一種食材時的用量（若選兩種則各需減半）

到了練習咀嚼期，主食除了粥品外，還要加入麵包粥與麵類製造出變化。這時候寶寶已經可以用牙齦咀嚼，吃煮軟一點的義大利麵也沒問題！

五倍粥 90g
→後期則為軟飯 80g

從五倍粥開始嘗試，再進階到四倍粥、軟飯。由於水分逐漸減少，到了後半期軟飯的分量可以稍微減少一些沒關係。

吐司 25g
（8片裝吐司1／2片）
→後期則為 35g
（8片裝吐司2／3片）

使用較單純的吐司。無論是有邊的吐司、或切邊吐司都可以。

烏龍麵 60g
（比1／3包略少）
→後期則為90g（比1／2包略少）
很多孩子都喜歡吃麵食，不過烏龍麵及麵線的含鹽量較高，烹調時需留意盡量少放調味料。

乾燥義大利麵
15g →後期則為 25g

乾燥麵線 20g
→後期則為 30g

玉米片 15g
→後期則為 25g

★ 生拉麵比較不易消化，建議等到大口享用期再嘗試。

64　　能量來源　　維生素、礦物質來源　　蛋白質來源

維生素、礦物質來源食品家族

一次選擇一種食材時的用量（若選兩種則各需減半）

到了練習咀嚼期，就可以將食材處理成可用牙齦咀嚼的硬度，切成稍微粗一點的方塊狀。此外，也可以將食材切成薄片，利用各式各樣的切法培養寶寶的咀嚼能力。

※ 海藻類具有豐富的營養，建議可經常使用於副食品。
當寶寶沒有吃水果時，蔬菜多吃一點就沒問題。

練習咀嚼期

適合的食材實際大小

蔬菜

茄子 20g
→後期則為 30g
到了1歲左右，就可以將茄子去皮烹調給寶寶食用。可加進湯裡或加入醬汁一起煮，茄子會變得軟嫩多汁，也會顯得更甜。

胡蘿蔔 20g
→後期則為 30g
胡蘿蔔煮好後，可以用大拇指與食指捏壓看看，如果可以輕易壓碎，就是寶寶能用牙齦咬碎的軟度。請加熱到胡蘿蔔變軟為止。

小松菜 20g
→後期則為 30g
只要將綠色蔬菜完全煮軟，不只是嫩葉，就連莖也能給寶寶食用。請將纖維仔細切碎。

白菜 20g
→後期則為 30g
白菜沒有特殊的氣味，是接受度很高的蔬菜。由於白菜跟高麗菜一樣纖維較多，請煮軟後再切碎。

彩椒 20g
→後期則為 30g
彩椒的果肉厚實、又具有強烈的甜味，是一種很適合用於副食品的蔬菜。只要去皮，就能變得很容易食用。

海藻

羊栖菜 5g（1大匙）→後期也一樣
由於市售的水煮羊栖菜比較柔軟，建議使用市售品。若是乾燥的羊栖菜，請先泡水還原，再用水煮讓羊栖菜變軟。

水果

蜜柑 10g →後期也一樣
蜜柑口感柔軟、也很容易剝散，只要事先剝除薄皮，就可以直接讓寶寶用手拿著吃。一次的分量約2瓣左右。

65

食材的實際大小

蛋白質來源食品家族

一次選擇一種食材時的用量（若選兩種則各需減半）

到了練習咀嚼期，就可以開始嘗試竹筴魚、沙丁魚、秋刀魚等富含DHA的青背魚。由於這個階段很容易缺乏鐵質，務必要讓寶寶多多嘗試牛瘦肉與肝臟等食材！

魚

竹筴魚 15g →後期則為15g

若家裡有買竹筴魚生魚片，就可以分出幾片加熱後給寶寶食用，非常方便。若是整尾竹筴魚或魚片，則必須仔細去除魚刺。

鱈魚 15g
→後期也一樣

鱈魚味道清淡、沒有腥味，是最適合寶寶食用的魚類。醃漬過的鱈魚含鹽量較高，請使用無調味的生鱈魚。

肉

雞絞肉 15g
→後期也一樣

不管是雞柳、雞胸、雞腿、雞絞肉等，全都可以使用。雞絞肉請盡量選擇脂肪較少的雞胸絞肉。

肝臟 15g →後期也一樣

肝臟的鐵質含量比其它食材高出許多。無論是雞肝、牛肝、豬肝都沒問題，其中以雞肝最為軟嫩。

牛瘦絞肉 15g
→後期也一樣

無論是牛肉或豬肉，都要選用脂肪較少的瘦絞肉或瘦肉片。若使用肉片，請仔細切碎。

黃豆製品

板豆腐 45g
→後期也一樣

到了這個階段，可以開始嘗試水分比嫩豆腐少的板豆腐。若乾煎板豆腐，就能讓寶寶用手拿著吃。

納豆 45g
（比1大匙略多）
→後期也一樣

選用小粒納豆就無須刻意切碎，寶寶用牙齦就可以咬碎。可以做成納豆丼、納豆炒飯、納豆拌菜、納豆湯等等。

乳製品

披薩用起司絲 12g →後期也一樣

只要使用披薩用起司絲，就能輕鬆做出焗烤、焗飯。由於披薩用起司絲的脂肪與鹽分含量較高，須留意別讓寶寶攝取過量！如果是優格，最多可以吃80g（後期也一樣）。

蛋

全蛋 1/2 顆
→後期也一樣

這個階段的寶寶可以吃1/2顆全熟的水煮蛋。未滿1歲前，不可以吃半熟蛋或溫泉蛋。

能量來源　　維生素、礦物質來源　　蛋白質來源

練習咀嚼期
要給寶寶吃多少量？

實際大小

餐點

到了練習咀嚼期，寶寶主要是從副食品餐點中獲得營養。請為寶寶準備囊括三種營養來源的副食品，特別是要多使用含有豐富鐵質的食材。此外，像是水果、燙青菜、煎餅、麵包等，都可以開始讓寶寶試著用手拿著吃囉！

蔬菜肉丸湯

1. 將 10g 豬絞肉與 10g 板豆腐仔細混合攪拌後，捏成一口大小的丸子狀。將 10g 青花菜煮軟，切成小朵。
2. 將 1／2 杯蔬菜湯倒入鍋中煮滾，加入步驟 ①，將肉丸子煮熟即完成。

香蕉片

將 10g 香蕉切成方便用手拿著吃的半圓形片狀。

用手拿著吃

胡蘿蔔軟飯

將 10g 胡蘿蔔切成 5mm 的小丁，煮軟後與 90g 五倍粥（或 80g 軟飯）均勻混合攪拌即完成。

練習咀嚼期

適合的食材 實際大小 ／ 餐點實際大小

餐點的實際大小

67

寶寶 9～10 個月左右、尚未完全習慣練習咀嚼期之前，適合的餐點都在這裡！

前期 1week 餐點

★ 分量與質地僅供參考。請觀察寶寶實際吃副食品的情形，「增加或減少分量」、「調整成適合寶寶吞嚥的軟硬度及大小」、「替換成寶寶喜歡的食材」等，自行搭配組合。
★ 現階段可以先延續小口吞嚥期，主食從五倍粥開始吃起。
★ 可自行調整食材，穿插使用「需努力咀嚼」、「可輕鬆吞嚥」的餐點，逐漸調整副食品進度。

Mon. 第1次

餐點的實際大小

親子一起享用！
親子分食 食譜

加入軟嫩蛋花的湯麵，連寶寶也能享用

蛋花烏龍麵

食材
烏龍麵…1又1／3包（260g）
番茄…1小顆（130g）
小松菜…1株（30g）
蛋液…1顆份
高湯…1又1／2杯（p.24）
醬油…1大匙
味醂…1小匙

作法
1. 分出 60g 給寶寶食用的烏龍麵，切成 2～3cm 的長度。將番茄切成扇形片狀，其中1片去皮去籽，切成 5mm 小丁，剩下的番茄切成一口大小。小松菜燙熟後切成 1cm 長，將少許菜葉仔細切碎。
2. 將寶寶要吃的烏龍麵煮軟後，取出濾乾水分。將烏龍麵、5mm 的番茄丁、切碎的小松菜葉盛入寶寶要用的容器中。
3. 將高湯倒入鍋中煮沸，加入蛋液煮熟後，將1／3量淋在步驟 ② 上。
4. 將剩下的烏龍麵、番茄、小松菜倒入步驟 ③ 的鍋中，加入醬油與味醂調味，盛入大人要用的容器中即完成。

能量來源　維生素、礦物質來源　蛋白質來源

※ 標示底線的內容為分食給寶寶的作法。

Mon. 第2次

🟧 五倍粥

食材 五倍粥（p.22）…90g
（比1碗兒童碗略少）

🟩 寶寶版牛肉滷豆腐

食材 牛絞肉…10g（2／3大匙）
板豆腐…15g
（2.5cm 塊狀1塊）
洋蔥丁…1大匙
蔥花…1小匙
沙拉油…少許

作法
1. 將豆腐切成5mm小丁。
2. 將沙拉油倒入平底鍋熱鍋，依序放入洋蔥及絞肉拌炒。
3. 加入高湯及豆腐，煮滾後加入蔥花，再稍微煮一下即完成。

粥品先維持較軟的口感

嘗試牛肉補充鐵質

練習咀嚼期

練習咀嚼期前期的1 week 餐點 Mon.

Mon. 第3次

🟩 茄子胡蘿蔔味噌湯

食材 茄子（去皮）…15g（1／5根）
胡蘿蔔（去皮）…5g
（切成5mm厚的圓片1片）
高湯…1／2杯（p.24）
味噌…少許

作法
1. 將茄子、胡蘿蔔切成5mm的小丁。
2. 將高湯、步驟①倒入鍋中，煮4〜5分鐘，直到胡蘿蔔煮軟為止。
3. 加入味噌攪拌融化於湯裡即完成。

🟧 羊栖菜豆香丼

食材 五倍粥（p.22）…90g
（比1碗兒童碗略少）
小粒納豆…20g（比1大匙略多）
水煮羊栖菜…3g（1／2大匙）

作法
1. 將水煮羊栖菜與五倍粥混合攪拌，盛入容器中。
2. 仔細攪拌納豆，放上步驟①即完成。
★建議使用口感較軟的市售水煮羊栖菜。

軟嫩多汁的茄子是寶寶的最愛

使用水煮羊栖菜就很容易吃下肚

69

餐點的實際大小

利用蔬菜丁練習咀嚼　微波一下就能快速上桌！

用勾芡結合三種食材

Tue. 第2次

豆腐青江菜燴飯

食材 五倍粥（p.22）…90g（比1碗兒童碗略少）
板豆腐…40g（1／8塊）
青江菜…20g（1小片）
蟹味棒…1／3條
高湯…1／2杯
太白粉水…少許（p.20）

作法
1. 將豆腐、青江菜切成5mm小丁，蟹味棒切成5mm寬，仔細剝開。
2. 將高湯、步驟①倒入鍋中，一直煮到青江菜變軟後，加入太白粉水營造出滑順口感即完成。
3. 將五倍粥盛入容器中，淋上步驟②即完成。

親子一起享用！
親子分食食譜

放入整條胡蘿蔔一起炊煮就OK！

運用蔬菜的甜味營造溫和美味

Tue. 第1次

南瓜麵包布丁

食材 吐司…25g（切邊吐司1又1／2片）
蛋液…1大匙
牛奶…1／4杯
南瓜（去皮去籽）…15g（2.5cm塊狀1塊）

作法
1. 用水沾濕南瓜後，覆蓋保鮮膜，放進微波爐加熱40秒～1分鐘，磨成滑順細緻的泥狀。
2. 將步驟①、蛋液、牛奶倒入碗中，混合攪拌。
3. 將吐司仔細撕碎後放入耐熱容器中，倒入步驟②，讓吐司吸收蛋液。輕輕覆蓋保鮮膜，放進微波爐加熱2分鐘即完成。

番茄小黃瓜沙拉

食材 小番茄…10g（1顆）
小黃瓜（去皮）…5g（1.5cm塊狀1塊）

作法
1. 在小番茄上用刀子劃十字，放入耐熱容器中，放進微波爐（600W）加熱10秒，剝去外皮。將小番茄對半切開，去除種籽後切成5mm的小丁。
2. 將小黃瓜切成5mm的小丁。
3. 將步驟①、②盛入容器中即完成。

Tue. 第3次

胡蘿蔔炊飯

食材 （容易製作的分量）
米…2杯（360ml）
胡蘿蔔（去皮）…1根

作法
1. 米洗淨後濾乾水分，倒入炊飯器的內鍋，加入達到2杯米刻度的水量。
2. 將胡蘿蔔縱向對半切開，並排放在步驟①的米上，按照正常方式炊煮。煮好後一邊弄碎胡蘿蔔，一邊與米飯混合攪拌
3. 將步驟②的胡蘿蔔炊飯20g與1／2杯水倒入鍋中，一直煮到如五倍粥的軟稠狀即完成。

青花菜燉雞肝

食材 雞肝…15g（3～4cm大）
青花菜…10g（1小朵）
洋蔥丁…1大匙
蔬菜湯…1／2杯

作法
1. 用流水沖洗雞肝，去除雞肝上的脂肪及筋膜後，切成5mm的小丁。青花菜也切成5mm的小丁。
2. 將蔬菜湯、步驟①、洋蔥倒入鍋中，煮4～5分鐘直到蔬菜煮軟為止。

能量來源　維生素、礦物質來源　蛋白質來源

Wed. 第1次

菠菜蛋花湯

食材
- 蛋液…1／4 顆
- 菠菜…15g（1／2 株）
- 高湯…1／2 杯（p.24）

作法
1. 將菠菜煮軟後，切成 5mm 長。
2. 將高湯倒入鍋中煮滾後，加入步驟①，再以畫圓的方式倒入蛋液，煮熟後即完成。

青蔬與蛋花一起滑順入口

爽脆清爽的味道令人耳目一新

小黃瓜魩仔魚丼

食材
- 五倍粥（p.22）…90g（比1碗兒童碗略少）
- 魩仔魚…7g（2 小匙）
- 小黃瓜（去皮）…5g（1.5 cm 塊狀1塊）

作法
1. 將魩仔魚浸泡熱水 5 分鐘後瀝乾。放入沸水中汆燙 3 分鐘，撈起瀝乾。將小黃瓜切成 5mm 的小丁。
2. 將五倍粥盛入容器中，放上步驟①即完成。

餐點的實際大小

練習咀嚼期

練習咀嚼期前期的 1 week 餐點　Tue. Wed.

Wed. 第2次

芝麻油的風味讓人胃口大開

蔬菜絞肉炒麵線

食材
- 乾燥麵線…2／5 把（20g）
- 豬絞肉…15g（1 大匙）
- 彩椒（去皮去籽）…10g（4cm 大的彩椒1顆）
- 高麗菜…10g（1／6 片）
- 芝麻油…少許

作法
1. 將乾燥麵線折成 2cm 長的小段。彩椒、高麗菜切成 5mm 的小丁。
2. 煮一鍋沸水，加入步驟①的所有食材，煮 2 分鐘後撈起，浸泡於冷水後再濾乾水分。
3. 將芝麻油倒入平底鍋熱鍋，放入絞肉拌炒，炒熟後加入步驟②一起拌炒即完成。

Wed. 第3次

地瓜的甜味撫慰人心

容易用門牙咬下的厚度

用手拿著吃

地瓜豆腐焗飯

食材
- 五倍粥（p.22）…90g（比1碗兒童碗略少）
- 地瓜（去皮）…20g（2 cm 塊狀1塊）
- 板豆腐…30g（1／10 塊）
- 披薩用起司絲…5g（1／2 大匙）

作法
1. 將地瓜煮軟後，切成 5mm 的小丁。豆腐也切成 5mm 的小丁。
2. 將步驟①放入五倍粥中混合攪拌，盛入耐熱容器中，撒上起司絲。輕輕覆蓋保鮮膜，放進微波爐加熱 1 分鐘即完成。

糖漬胡蘿蔔片

食材
- 胡蘿蔔（去皮）…15g（切成 7mm 厚的圓片 2 片）
- 奶油…少許
- 砂糖…1 小撮

作法
1. 將胡蘿蔔煮軟。
2. 趁熱加入奶油及砂糖均勻攪拌即完成。

※ 微波時間依微波爐機種與食材含水量而有所不同，請視情況調整。
※ 除微波外，也可將食材放入電鍋中，以外鍋 1 杯水蒸熟；或放入烤箱中烤 4〜5 分鐘至熟。

Thu. 第 1 次

義式蔬菜湯

食材
番茄（去皮去籽）…20g（1／8 顆）
青花菜…10g（1 小朵）
洋蔥丁…1／2 大匙
橄欖油…少許

作法
1. 將番茄大致切碎，青花菜切成小朵。
2. 將橄欖油倒入鍋中熱鍋，倒入洋蔥丁與步驟 ① 拌炒後，加入 1／2 杯水，一直煮到蔬菜變軟即完成。

法式吐司佐香蕉

食材
吐司…15g（切邊吐司 1 片）
蛋液…1 大匙
牛奶…3 大匙
奶油…1／2 小匙
香蕉…20g（斜切成 7mm 厚的片狀 3 片）

作法
1. 將吐司切成四等分。
2. 將蛋液、牛奶倒入碗中混合攪拌，放入步驟 ① 浸泡。
3. 將奶油置於平底鍋，開火融化後，將步驟 ② 並排於平底鍋，用小火將兩面完全煎熟。盛入容器中，擺上香蕉片即完成。

早餐就吃大量蔬菜！

用手拿著吃

奶油香氣十足的經典美味

Thu. 第 2 次

五倍粥

食材
五倍粥（p.22）…90g
（比 1 碗兒童碗略少）

蔬菜肉丸湯

食材
豬絞肉…15g（1 大匙）
太白粉…1／4 小匙
胡蘿蔔（去皮）
…10g（切成 1cm 厚的圓片 1 片）
白蘿蔔（去皮）…10g（2 cm 塊狀 1 塊）
綠蘆筍（削除根部的皮）…10g（1／2 根）
高湯…適量（p.24）

作法
1. 將絞肉、太白粉、1 小匙水倒入碗中，仔細混合攪拌後，捏成 1cm 大的丸子狀（或圓餅狀）。
2. 將胡蘿蔔、白蘿蔔、綠蘆筍切成 5mm 的小丁。
3. 將步驟 ② 倒入鍋中，加入可蓋過食材的高湯開火熬煮。一直煮到蔬菜都變軟後，再加入步驟 ① 煮熟即完成。

胃口好的孩子可以再添一碗

用太白粉製作出軟嫩的肉丸

能量來源　維生素、礦物質來源　蛋白質來源

Thu. 第3次

五倍粥

食材 五倍粥（p.22）…90g（比1碗兒童碗略少）

清爽海鮮什錦鍋

食材
鱈魚…1片
板豆腐…1／2塊（150g）
白菜…2〜3片
胡蘿蔔…1／2根
香菇…1朵
昆布…5×5cm1片

作法
1. 將白菜的菜葉與菜梗分開處理，菜梗切成細絲，菜葉切成一口大小。胡蘿蔔用削皮器削成長條片狀，香菇切除蒂頭後，可依喜好切出花紋。將鱈魚的水分擦乾，切成3〜4等分，豆腐切成容易入口的大小。
2. 將昆布、2杯水倒入鍋中，開火煮滾後加入步驟①。待蔬菜都煮軟後，加入魚肉煮熟，將寶寶要吃的白菜與胡蘿蔔共20〜30g、鱈魚10g、豆腐15g盛入容器中，利用廚房剪刀剪成寶寶容易入口的大小。魚肉及豆腐要剝散再給寶寶食用。
3. 大人的什錦鍋中可依個人喜好加入柑橘醋醬、柚子胡椒等調味料即完成。

可以加入配料做成雜炊

配料豐富的什錦鍋，一碗就營養滿分

親子一起享用！
親子分食食譜

餐點的實際大小

練習咀嚼期

練習咀嚼期前期的 1 week 餐點 Thu.

繽紛的色彩
帶來雀躍心情

令人期待的
餐後點心

用手
拿著吃

餐點的
實際大小

Fri. 第 1 次

水煮蛋燉飯

食材
五倍粥（p.22）…90g
（比 1 碗兒童碗略少）
全熟水煮蛋
…20g（比 1／2 顆略少）
青花菜…20g（2 小朵）
起司粉…少許

作法
1. 將青花菜煮軟後，切成小朵。將水煮蛋的蛋白與蛋黃分開處理，將蛋黃壓碎、蛋白大致切碎。
2. 將五倍粥盛入容器中，拌入步驟①的所有食材，再撒上起司粉即完成。

手拿水果（草莓）

食材 草莓…10g（1 小顆）

作法 切成寶寶容易入口的大小即完成。

Fri. 第 2 次

秋葵的黏性能
營造些許濃稠感

雞肉丸烏龍麵

食材
烏龍麵…60g（比 1／3 包略少）
雞絞肉…15g（1 大匙）
太白粉…1／4 小匙
秋葵…10g（1 根）
彩椒（去皮去籽）…10g
（4cm 大的彩椒 1 顆）
高湯…1 杯（p.24）

作法
1. 將烏龍麵切成 2〜3cm 長的小段，秋葵縱向對半切開後去除種籽，切成薄片。彩椒用模具壓出星星形狀。
2. 將絞肉、太白粉、1 小匙水倒入碗中，仔細混合攪拌後，捏成 1cm 大的丸子狀（或圓餅狀）。
3. 將高湯、步驟①倒入鍋中煮滾，煮到蔬菜變軟後，再加入步驟②煮熟即完成。

鹽烤竹筴魚丼

食材
五倍粥（p.22）…90g
（比 1 碗兒童碗略少）
鹽烤竹筴魚…15g
（烤好的竹筴魚 2 大匙）
青海苔粉…少許

作法
1. 竹筴魚靠近尾端的部位不要撒鹽，烤好後取下尾端魚肉分給寶寶，仔細去皮並挑除魚刺，將魚肉剝散。
2. 將五倍粥盛入容器中，放上步驟①，撒上青海苔粉即完成。

Fri. 第 3 次

洋蔥馬鈴薯味噌湯

食材
馬鈴薯（去皮）…15g（1／10 顆）
洋蔥…5g（切成 5mm 厚的扇形 1 片）
胡蘿蔔（去皮）…5g（將較細的尾端切成 5mm 厚的圓片 2 片）
高湯…1／2 杯（p.24）
味噌…少許

作法
1. 將馬鈴薯、洋蔥切成 5mm 的小丁，胡蘿蔔用模具壓出花朵形狀。
2. 將高湯、步驟①倒入鍋中，一直煮到蔬菜變軟為止。
3. 加入味噌攪拌融化於湯裡即完成。

烤一整尾魚
再分給寶寶

蔬菜的甜味撲鼻而

親子一起享用！
親子分食
食譜

74　能量來源　維生素、礦物質來源　蛋白質來源

Sat. 第 1 次

南瓜燉雞絞肉

食材
雞絞肉…15g（1 大匙）
南瓜（去皮去籽）
…20g（2cm 塊狀 2 塊）
高湯…1／2 杯（p.24）

作法
1. 將南瓜切成 5mm 的小丁。
2. 將高湯、雞絞肉倒入鍋中，開火，將雞絞肉攪散。等到絞肉熟透之後，再加入步驟 ①，煮到南瓜變軟即完成。

五倍粥佐鰹魚片

食材
五倍粥（p.22）…90g
（比 1 碗兒童碗略少）
鰹魚片…1 小撮

作法
將五倍粥盛入容器中，撒上鰹魚片。混合攪拌後再給寶寶食用。

撒上鰹魚片蔬菜

練習咀嚼期

餐點的實際大小

甜甜的南瓜最適合搭配鮮美的雞肉

練習咀嚼期前期的 1 week 餐點　Fri. Sat.

Sat. 第 2 次

去除黏性後變得清爽好吃

享用口感爽脆的蔬菜

用手拿著吃

豆香炒飯

食材
五倍粥（p.22）…90g
（比 1 碗兒童碗略少）
小粒納豆…20g（比 1 大匙略多）
韭菜…5g（1 根）
芝麻油…少許

作法
1. 將納豆置於濾網上，用水洗去黏性。將韭菜切成丁狀。
2. 將芝麻油倒入平底鍋熱鍋，放入韭菜拌炒，炒熟後倒入五倍粥、納豆，稍微混合攪拌即完成。

水煮蔬菜棒

食材
胡蘿蔔、白蘿蔔（去皮）
…共 20g

作法
將胡蘿蔔、白蘿蔔都切成 5mm 寬的長條狀，用沸水煮軟即完成。

Sat. 第 3 次

蕪菁烤軟後香氣四溢

奶油烤蕪菁

食材
蕪菁（削除較多厚皮）
…20g
（切成 7mm 厚的圓片 2 片）
奶油…1／2 小匙

作法
1. 用保鮮膜包覆蕪菁，放進微波爐加熱 40 秒～1 分鐘。
2. 將奶油置於平底鍋，開火融化後，稍微煎一下步驟 ① 的兩面即完成。

用手拿著吃

鮭魚高麗菜義大利麵

食材
乾燥義大利細麵…15g
鮭魚（去皮去骨）…15g
（1／8 片鮭魚切片）
高麗菜…10g（1／6 片）
太白粉水…少許（p.20）

作法
1. 將義大利麵折成 2～3cm 長的小段。高麗菜切成 5mm 的小丁。
2. 煮一鍋沸水，倒入步驟 ①、鮭魚，花上比包裝標示更長的時間，將義大利麵完全煮軟。鮭魚煮熟後就先取出剝碎。
3. 先取出 1／2 杯步驟 ② 的煮麵水，將麵濾乾水分，移至平底鍋上，加入鮭魚、煮麵水加熱，再加入太白粉水營造出滑順口感即完成。

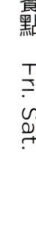

快熟的義大利麵製作起來很輕鬆

75

親子一起享用！
親子分食食譜

餐點的實際大小

sun. 第1次

鐵質來源　運用蛤蜊精華補充大量鐵質
蛤蜊巧達湯佐麵包

食材　大人1人分＋寶寶1人分
　　　帶殼蛤蜊（已吐沙）…100g
　　　酒…1大匙
　　　馬鈴薯…1／2顆
　　　胡蘿蔔…1／4根
　　　洋蔥…1／4顆
　　　A｜牛奶…1杯
　　　　｜麵粉…1大匙
　　　鹽、胡椒…各適量
　　　奶油…比1小匙略多（5g）
　　　吐司（寶寶分）
　　　　…25g（切邊吐司1又1／2片）
　　　法國長棍麵包（大人分）…適量

作法
1. 將蛤蜊、酒倒入耐熱容器中，覆蓋保鮮膜，放進微波爐加熱2分鐘，或直接放入沸水中烹煮，直到蛤蜊殼打開。取出後將蛤蜊與湯汁分開處理，寶寶要吃的蛤蜊先去殼再將少量的蛤蜊肉切碎。
2. 將馬鈴薯、胡蘿蔔、洋蔥去皮，切成5mm的小丁。
3. 將奶油置於平底鍋，開火融化後，加入步驟②稍微拌炒一下，再加入蒸蛤蜊的湯汁及1／2杯水，一直煮到蔬菜變軟為止。
4. 將 A 倒入碗中，均勻混合攪拌後加入步驟③，一直煮到整鍋出現濃稠感。
5. 將吐司撕成小片放入寶寶用的容器中，淋上1／2杯步驟④，再擺上切碎的蛤蜊肉。將其餘完整的蛤蜊放進大人要吃的鍋子裡，加入鹽與胡椒調味。盛入容器中，可依喜好將香芹切碎後撒入蛤蜊巧達湯，再擺上法國長棍麵包即完成。

能量來源　　維生素、礦物質來源　　蛋白質來源

羊栖菜黃豆粥

食材
五倍粥（p.22）
…90g（比1碗兒童碗略少）
水煮黃豆…20g（2大匙）
水煮羊栖菜…3g（1／2大匙）

作法
1. 去除黃豆的薄膜後，將黃豆稍微搗碎。
2. 將碎黃豆加入五倍粥，混合攪拌後盛入容器中，再放入羊栖菜。混合攪拌後再給寶寶食用。

彩椒茄子佐鰹魚片

食材
茄子（去皮）…15g（1／5根）
彩椒（去皮去籽）
…10g（4cm大的彩椒1顆）
鰹魚片…1小撮

作法
1. 將茄子、彩椒切成5mm的小丁。
2. 將步驟①放入鍋中，加入剛好可蓋過食材的水，一直煮到蔬菜變軟為止。盛入容器中，撒上鰹魚片。混合攪拌後再給寶寶食用。

Sun. 第2次
看似簡樸 營養卻相當豐富
以彩椒的香氣帶來柔和滋味

Sun. 第3次
加入鰹魚片就無需使用「高湯」

高麗菜洋蔥清湯

食材
高麗菜…5g（1／12片）
洋蔥丁…1／2大匙
鰹魚片…少許

作法
1. 將高麗菜切碎。
2. 將1／2杯水、步驟①、洋蔥丁、用手指捏碎的鰹魚片加入鍋中，開火加熱，一直煮到蔬菜都變軟即完成。

寶寶三色丼
（營養來源）

食材
五倍粥（p.22）…90g
（比1碗兒童碗略少）
雞絞肉…10g（2／3大匙）
蛋黃（全熟水煮蛋的蛋黃）…1／3顆
菠菜嫩葉…10g（2大片）
砂糖、醬油…各少許
高湯…1大匙（p.24）

作法
1. 將雞絞肉、砂糖、醬油倒入耐熱容器中，覆蓋保鮮膜，放進微波爐加熱20秒，用叉子將雞絞肉攪散開來。蛋黃也要用叉子攪散。
2. 將菠菜稍微用水沾濕，包覆保鮮膜，放進微波爐加熱30秒。取出浸泡於冷水，再擠乾水分。將菠菜切成5mm大小，加入高湯混合攪拌。
3. 將五倍粥盛入容器中，放入步驟①、②。混合攪拌後再給寶寶食用。

使用微波爐 就能迅速上桌

※ 微波時間依微波爐機種與食材含水量而有所不同，請視情況調整。
※ 除微波外，也可將食材放入電鍋中，以外鍋1杯水蒸熟。

練習咀嚼期
練習咀嚼期前期的1 week 餐點 Sun.

後期餐點日曆

10～11個月大左右就可以開始嘗試練習咀嚼期後期的餐點。

★ 本頁是將 p.80～89 的「三合一餐點」、「主菜」、「配菜＆甜點」組合起來的一週餐點範例。建議可觀察寶寶用餐的情形與喜好，隨意組合更換餐點，加入本書中沒有的食材也無妨。
★ 等到寶寶越來越會咀嚼後，就可以從五倍粥進階為軟飯（口感較軟的飯）。
★ 可以趁大人的湯品尚未調味前，盛裝出來給寶寶分食，偶爾採用「親子分食副食品」也沒問題。
★ 若寶寶鐵質攝取不足，請在副食品中加入紅肉魚、蛋與黃豆製品等食材。

Mon.

第1次
- 主食：軟飯 作法 p.22
- 主菜：豆腐肉丸燉蔬菜 → p.86

第2次
- ＼營養來源／：番茄洋蔥義大利麵 → p.82
- 配菜：奶油煎青花菜 → p.88

第3次
- 主食：軟飯 作法 p.22
- 主菜：鮮蔬鯛魚鍋 → p.84

Thu.

第1次
- ＼營養來源／：南瓜鮪魚三明治捲 → p.83
- 甜點：水果

第2次
- ＼營養來源／：繽紛麻婆豆腐丼 → p.80

第3次
- 主食：軟飯 作法 p.22
- 主菜：竹筴魚丸湯 → p.84
- 配菜：浸煮小松菜 → p.88

Fri.

第1次
- ＼營養來源／：麵包粥 作法 p.23
- 主菜：雞肉玉米濃湯 → p.85

第2次
- 主食：軟飯 作法 p.22
- 主菜：豆腐漢堡排 → p.85
- 配菜：蔬菜味噌湯 → p.89

第3次
- ＼營養來源／：蕪菁鮭魚湯麵 → p.81
- 甜點：柳橙糖漬胡蘿蔔 → p.89

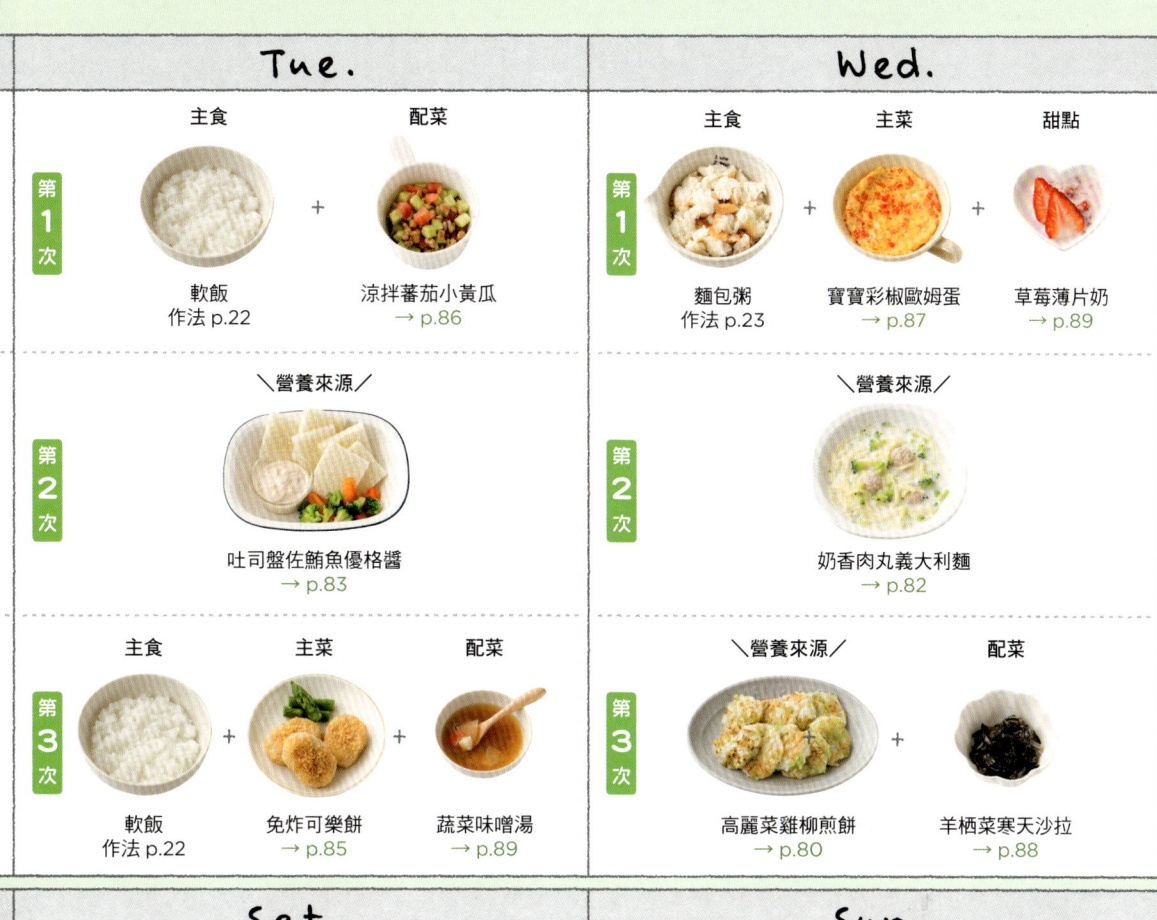

Tue.

第1次
- 主食：軟飯 作法 p.22
- ＋
- 配菜：涼拌蕃茄小黃瓜 → p.86

第2次
- ＼營養來源／
- 吐司盤佐鮪魚優格醬 → p.83

第3次
- 主食：軟飯 作法 p.22
- ＋
- 主菜：免炸可樂餅 → p.85
- ＋
- 配菜：蔬菜味噌湯 → p.89

Wed.

第1次
- 主食：麵包粥 作法 p.23
- ＋
- 主菜：寶寶彩椒歐姆蛋 → p.87
- ＋
- 甜點：草莓薄片奶 → p.89

第2次
- ＼營養來源／
- 奶香肉丸義大利麵 → p.82

第3次
- ＼營養來源／
- 高麗菜雞柳煎餅 → p.80
- ＋
- 配菜：羊栖菜寒天沙拉 → p.88

Sat.

第1次
- ＼營養來源／
- 香蕉豆漿玉米片 → p.82

第2次
- 主食：軟飯 作法 p.22
- ＋
- 主菜：茄汁燉肉丸 → p.85
- ＋
- 配菜：奶油煎青花菜 → p.88

第3次
- ＼營養來源／
- 菠菜和風義大利麵 → p.82
- ＋
- 配菜：番茄南瓜沙拉 → p.88

Sun.

第1次
- 主食：軟飯 作法 p.22
- ＋
- 主菜：寶寶茶碗蒸 → p.87
- ＋
- 配菜：浸煮小松菜 → p.88

第2次
- ＼營養來源／
- 絞肉蘿蔔泥烏龍麵 → p.81

第3次
- ＼營養來源／
- 番茄鮪魚焗飯 → p.80
- ＋
- 配菜：地瓜豆漿濃湯 → p.89

練習咀嚼期

練習咀嚼期後期的餐點日曆

營養來源 三合一餐點
一道就備齊三種營養來源

★ 同時具備「能量來源食品」、「維生素、礦物質來源食品」、「蛋白質來源食品」的三合一餐點。

營養來源
以簡易版白醬帶來滑潤奶香
番茄鮪魚焗飯

食材
軟飯（p.22）…80g
（兒童碗約八分滿）
水煮鮪魚罐頭…5g
（1小匙）
番茄（去皮去籽）
…30g（1／5顆）
牛奶…1／4杯
太白粉水…少許（p.20）

作法
1 將番茄大致切碎。
2 在軟飯中加入步驟①、鮪魚，混合攪拌後盛入容器中。
3 將牛奶倒入鍋中，開小火煮滾後，加入太白粉水營造出滑順口感，淋在步驟②上即完成。

營養來源
加入蔬菜兼顧營養均衡
繽紛麻婆豆腐丼

食材
軟飯（p.22）
…80g（兒童碗約八分滿）
板豆腐…30g（1／10塊）
豬絞肉…5g（1小匙）
韭菜…15g（3根）
彩椒（去皮去籽）…10g
（4cm大的彩椒1顆）
高湯…1／4杯（p.24）
太白粉水…少許（p.20）
芝麻油…少許

作法
1 將豆腐切成5mm的小丁。韭菜切成環狀，彩椒大致切碎。
2 將芝麻油倒入平底鍋熱鍋，加入豬絞肉炒散開來。絞肉炒熟後，加入步驟①、高湯，一直煮到蔬菜變軟後，再加入太白粉水營造出滑順口感。
3 將軟飯盛入容器中，淋上步驟②即完成。

營養來源
滿足寶寶想要自己拿著吃的渴望！
高麗菜雞柳煎餅

餐點的實際大小
用手拿著吃

食材
軟飯（p.22）…80g
（兒童碗約八分滿）
雞柳…15g
（比1／3條略少）
高麗菜…20g（1／3片）
鰹魚片…1小撮
沙拉油…少許

作法
1 將雞柳燙熟後，仔細切碎。高麗菜大致切碎。
2 將軟飯、步驟①、鰹魚片倒入碗中混合攪拌後，均分成8～10等分，塑形成扁平的圓餅狀。
3 將沙拉油倒入平底鍋熱鍋，並排放入步驟②，將兩面煎熟即完成。

能量來源　　維生素、礦物質來源　　蛋白質來源

手拿胡蘿蔔魚香烏龍麵

將烏龍麵切長一些，更方便抓取

食材　烏龍麵…90g（比1／2包略少）
　　　　魩仔魚…15g（1又1／2大匙）
　　　　胡蘿蔔（去皮）…30g
　　　　（切成3cm厚的圓片1片）
　　　　鰹魚片…少許

作法
1. 將烏龍麵切成3～4cm的小段。胡蘿蔔用削皮器削成長條片狀，再切成小片。將魩仔魚浸泡熱水5分鐘後瀝乾。放入沸水中汆燙3分鐘，撈起瀝乾。
2. 煮一鍋沸水，加入烏龍麵、胡蘿蔔煮軟後，瀝除多餘水分。
3. 加入步驟②、魩仔魚、鰹魚片混合攪拌後，盛入容器中即完成。

餐點的實際大小

用手食著吃

練習咀嚼期

Triple in 三合一餐點

蕪菁鮭魚湯麵

鮭魚的鮮味連湯都喝得乾乾淨淨

食材　乾燥麵線…30g（3／5把）
　　　　鮭魚（去皮去骨）…15g（1／8片鮭魚切片）
　　　　蕪菁（去皮）…20g（1／6顆）
　　　　蕪菁葉…少許
　　　　高湯…1杯（p.24）

作法
1. 將乾燥麵線折成2cm長的小段
2. 將鮭魚切成7mm的小塊，蕪菁大致切碎，蕪菁葉仔細切碎。
3. 煮一鍋沸水，放入步驟①煮2分鐘後撈起，浸泡於冷水再瀝乾水分。
4. 將高湯倒入鍋中煮滾後，加入步驟②、③，將所有食材煮軟即完成。

絞肉蘿蔔泥烏龍麵

滋味清爽、溫和呵護腸胃

食材　烏龍麵…90g（比1／2包略少）
　　　　豬絞肉…15g（1大匙）
　　　　白蘿蔔泥…2大匙
　　　　白蘿蔔葉…少許
　　　　高湯…1杯（p.24）

作法
1. 將烏龍麵切成2～3cm的小段，白蘿蔔葉仔細切碎。
2. 將少許高湯、絞肉倒入鍋中，開火加熱，用叉子等器具將絞肉攪散煮熟後，再倒入剩下的高湯。
3. 整鍋煮滾後，加入步驟①將食材煮軟。最後加入白蘿蔔泥再稍微煮一下即完成。

番茄黃瓜湯麵線

炎熱夏季裡的清爽滋味

食材　乾燥麵線…30g（3／5把）
　　　　小粒納豆…20g（比1大匙略多）
　　　　小黃瓜（去皮）…20g（1／5根）
　　　　小番茄（去皮去籽）…10g（1顆）
　　　　高湯…1／3杯（p.24）

作法
1. 將乾燥麵線折成2cm長的小段。
2. 將小黃瓜切成2cm長的細絲，小番茄大致切碎。
3. 煮一鍋沸水，放入步驟①煮2分鐘後撈起，浸泡於冷開水再瀝乾水分，盛入容器中。
4. 將高湯倒入鍋中煮滾後，加入步驟②稍微煮一下，放涼後再淋在步驟③上。仔細攪拌後納豆後，鋪在中央即完成。

81

營養來源

運用酸甜的番茄消除雞肝腥味
番茄洋蔥義大利麵

食材
- 乾燥義大利細麵…25g
- 雞肝…15g（3～4cm大）
- 番茄（去皮去籽）…30g（1／5顆）
- 洋蔥丁…1／2大匙
- 蔬菜湯…1／4杯
- 沙拉油…少許

作法
1. 用流水沖洗雞肝，去除雞肝上的脂肪及筋膜後，切成5mm的小丁。番茄大致切碎。
2. 將義大利麵折成2～3cm長的小段，花上比包裝標示更長的時間，將義大利麵完全煮軟後，盛入容器中。
3. 將沙拉油倒入平底鍋熱鍋，依序倒入洋蔥、番茄、雞肝均勻拌炒，再加入蔬菜湯，一直煮到產生黏稠感，淋在步驟②上即完成。

餐點的實際大小

使用碎粒納豆就能均勻附著義大利麵
菠菜和風義大利麵

食材
- 乾燥義大利細麵…25g
- 碎粒納豆…20g（比1大匙略多）
- 菠菜…30g（1株）
- 鰹魚片…少許

作法
1. 將義大利麵折成2～3cm長的小段，煮到包裝標示的時間時，加入菠菜再煮1分鐘，撈起義大利麵與菠菜瀝乾水分。挑出菠菜浸泡冷水，再擠乾水分並切碎。
2. 將納豆倒入碗中，加入步驟①混合攪拌。盛入容器中，撒上鰹魚片即完成。

最後加入牛奶提升濃醇口感
奶香肉丸義大利麵

食材
- 乾燥義大利細麵…25g
- 豬絞肉…10g（2／3大匙）
- 太白粉…1／4小匙（p.20）
- 青花菜…30g（3小朵）
- 蔬菜湯…1／2杯
- 牛奶…2大匙

作法
1. 將義大利麵折成2～3cm長的小段，依照包裝標示的時間煮熟。將青花菜切成小朵。
2. 將絞肉、太白粉、1小匙水倒入碗中，均勻混合攪拌，揉捏塑形成1cm大的丸子狀（或扁平的圓餅狀）。
3. 將蔬菜湯、青花菜倒入鍋中，煮滾後加入步驟②，煮到肉丸變色後，加入義大利麵，一直煮到義大利麵變軟為止。
4. 最後加入牛奶，混合攪拌即完成。

最適合忙碌早晨的即食餐點
香蕉豆漿玉米片

食材
- 原味玉米片…20g（1杯）
- 香蕉…20g（切成7mm厚的片狀3片）
- 胡蘿蔔（去皮）…10g（切成5mm厚的花朵形片狀3片）
- 原味豆漿…1／4杯

作法
1. 將胡蘿蔔煮軟。
2. 將玉米片大致捏碎，盛入容器中，加入香蕉、步驟①，淋上豆漿。等到玉米片吸收水分膨脹後再給寶寶食用。

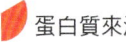

能量來源　維生素、礦物質來源　蛋白質來源

玉米起司吐司

營養來源：玉米與起司的鹹味堪稱絕配！

食材 吐司…35g
（8片裝吐司2／3片）
綠蘆筍（削除根部的皮）
…10g（1／2根）
奶油玉米罐頭…30g
（2大匙）
牛奶…1大匙
披薩用起司絲…10g
（1大匙）

作法
1. 將綠蘆筍切成5mm厚的片狀，用沸水煮軟。將奶油玉米過篩後，與牛奶混合攪拌。
2. 將步驟①塗抹於吐司，並撒上披薩用起司絲，放進烤箱烤2～3分鐘，烤到起司融化為止。最後將吐司切成容易入口的大小即完成。

餐點的實際大小

練習咀嚼期

Table in 三合一餐點

南瓜鮪魚三明治捲

營養來源：將南瓜製成香甜的泥狀

食材 吐司…30g
（切邊吐司2片）
水煮鮪魚罐頭
…15g（1大匙）
南瓜（去皮去籽）
…30g（3cm塊狀1塊）
小黃瓜（去皮）…10g
（3cm長的小段切成3分）

作法
1. 將南瓜、2大匙水倒入耐熱容器中，覆蓋保鮮膜，放進微波爐加熱30～40秒，或直接放入沸水中煮至軟。取出磨成滑順細緻的泥狀，加入鮪魚混合攪拌。
2. 將吐司對半切開，塗抹步驟①，包覆保鮮膜捲成圓筒狀，再切成一口大小。旁邊放上小黃瓜即完成。

吐司盤佐鮪魚優格醬

營養來源：大口吃下吐司與水煮蔬菜

食材 吐司…25g
（切邊吐司1又1／2片）
水煮鮭魚罐頭（去皮去骨）
…15g（1大匙）
原味優格…2大匙
胡蘿蔔（去皮）…15g
（切成1.5cm厚的圓片1片）
青花菜…15g（1又1／2小朵）

作法
1. 將鮭魚瀝乾水分，與優格混合攪拌後盛入容器中。將1片吐司切成4等分。
2. 將胡蘿蔔切成棒狀，青花菜切成小朵，都用沸水煮軟。
3. 將步驟①、②盛入容器中即完成。

主菜 可以搭配粥品等主食一起享用的餐點

★ 運用「蛋白質來源食品」、「維生素、礦物質來源食品」製作而成的餐點。

口感蓬鬆柔軟、魚肉也很細緻
鮪魚菠菜煎餅

食材
鮪魚…15g（生魚片1片）
菠菜…20g（2／3株）
麵粉…3大匙
沙拉油…少許

作法
1. 煮一鍋沸水，倒入菠菜煮軟後，取出並切碎。用同一鍋沸水煮鮪魚，煮熟後仔細切碎。
2. 將步驟①、麵粉、2大匙水倒入碗中混合攪拌。
3. 將沙拉油倒入平底鍋熱鍋，倒入步驟②攤平。將兩面都煎得金黃酥脆，切成容易用手拿取的大小即完成。

只要敲敲生魚片就好，非常簡易！
竹筴魚丸湯

食材
竹筴魚…15g（生魚片1片）
太白粉…1／4小匙（p.20）
蔥花…1小匙
小芋頭（去皮）…20g（1／2顆）

作法
1. 將竹筴魚、太白粉倒入塑膠袋中，利用桿麵棍等器具將魚肉敲得細碎滑順。加入蔥花混合攪拌，揉捏塑形成1～2cm大的丸子狀（或扁平的圓餅狀）。
2. 將小芋頭切成1cm的小丁。
3. 將1杯水、步驟②倒入鍋中，開火加熱，一直煮到芋頭變軟。接著加入步驟①，將魚丸完全煮熟即完成。

將蔬菜切成容易用手拿取的大小
鮮蔬鯛魚鍋

食材
鯛魚…15g（生魚片1片）
白蘿蔔（去皮）…20g
（切成5mm厚的半圓形片狀2片）
胡蘿蔔（去皮）…5g
（切成5mm厚的圓片狀1片）
白蘿蔔葉…少許

作法
1. 將白蘿蔔、胡蘿蔔、切碎的白蘿蔔葉、1／2杯水倒入鍋中，開火加熱，一直煮到蔬菜都變軟。
2. 加入鯛魚，繼續煮1～2分鐘，將魚肉完全煮熟即完成。

84　　能量來源　　維生素、礦物質來源　　蛋白質來源

練習咀嚼期　主菜

乾煎過的麵包粉口感酥脆
免炸可樂餅

食材
- 豬絞肉…15g（1大匙）
- 馬鈴薯（去皮）…20g（1／8顆）
- 綠蘆筍…10g（1／2根）
- 洋蔥丁…1／2大匙
- 細麵包粉…1大匙
- 橄欖油…少許

作法
1. 將綠蘆筍前端較柔軟的部位切成2～3cm長的小段。將馬鈴薯、綠蘆筍一起煮軟，再將馬鈴薯磨成滑順細緻的泥狀。
2. 將麵包粉倒入平底鍋，乾煎後取出。
3. 將橄欖油倒入平底鍋熱鍋，倒入絞肉炒散開來，再加入洋蔥一起拌炒。加入馬鈴薯泥混合攪拌，分成3等分，塑形成橢圓形。
4. 將步驟②撒在步驟③上，盛入容器中，旁邊放上綠蘆筍即完成。

餐點的實際大小　用手拿著吃

利用番茄汁，輕鬆又美味
茄汁燉肉丸

食材
- A｜牛瘦絞肉…15g（1大匙）
- A｜麵包粉…1大匙
- A｜牛奶…1小匙
- 番茄汁（無鹽）…2大匙
- 太白粉水…少許（p.20）
- 橄欖油…少許

作法
1. 將A倒入碗中均勻攪拌後，揉捏塑形成1～2cm大的丸子狀（或扁平的圓餅狀）。
2. 將橄欖油倒入平底鍋熱鍋，放入步驟①，煎煮時要時時翻動肉丸。
3. 加入番茄汁再繼續煮一下，再加入太白粉水營造出滑順口感即完成。

寶寶最喜歡的濃郁香甜滋味
雞肉玉米濃湯

食材
- 雞胸肉…15g
- 太白粉…少許
- 青花菜…15g（1又1／2小朵）
- 奶油玉米罐頭…15g（1大匙）
- 蔬菜湯…3大匙

作法
1. 將雞肉切成7mm大，撒上太白粉。將青花菜煮軟後切成小朵。
2. 將奶油玉米過篩。
3. 將步驟②、牛奶、蔬菜湯倒入鍋中煮滾後，加入步驟①，一直煮到雞肉完全煮熟即完成。

餐點的實際大小　用手拿著吃

加入蔬菜碎粒，口感超豐富
豆腐漢堡排

食材
- 板豆腐…20g（2cm塊狀2塊）
- 雞絞肉…10g（2／3大匙）
- 高麗菜…10g（1／6片）
- 胡蘿蔔（去皮）…5g（切成5mm厚的圓片1片）
- 香菇（去除蒂頭）…10g（1小朵）
- 太白粉…1／4小匙（p.20）
- 沙拉油…少許

作法
1. 將高麗菜、胡蘿蔔、香菇用沸水煮軟後切碎。
2. 將豆腐、雞絞肉、步驟①、太白粉倒入碗中，均勻混合攪拌，分成2等分，揉捏塑形成橢圓形。
3. 將沙拉油倒入平底鍋中熱鍋，放入步驟②，將兩面都煎得金黃酥脆、完全熟透即完成。

85

主菜 可以搭配粥品等主食一起享用的餐點

★ 運用「蛋白質來源食品」、「維生素、礦物質來源食品」製作而成的餐點。

感覺就像沙拉一樣清爽
涼拌蕃茄小黃瓜

食材
小粒納豆…20g（比1大匙略多）
小黃瓜（去皮）…20g（1／5根）
番茄（去皮去籽）…10g
（切成扇形片狀1小片）
芝麻油、醬油、醋…各少許

作法
1. 將小黃瓜、番茄切成5～7mm的小丁。
2. 將步驟①、納豆、芝麻油、醬油、醋倒入碗中混合攪拌即完成。

豆腐肉丸的口感非常鬆軟
豆腐肉丸燉蔬菜

食材
板豆腐…20g
（2cm塊狀2塊）
豬絞肉…10g
（2／3大匙）
太白粉…1／4小匙
番茄（去皮去籽）…20g（1／8顆）
秋葵…10g（1根）

作法
1. 將豆腐、絞肉、太白粉倒入碗中均勻混合攪拌，分成2等分揉捏塑形成圓形。
2. 將番茄大致切碎、秋葵縱向對半切開後，去除種籽，再切成細絲。
3. 將1／2杯水、番茄倒入鍋中，煮滾後加入秋葵、步驟①，一直煮到所有食材變軟即完成。

餐點的實際大小

寶寶版蔬菜豆腐餅
蒸煮蔬菜豆腐丁

食材
板豆腐…45g（1／7塊）
蛋液…1大匙
菠菜…10g
胡蘿蔔（去皮）…5g
（切成5mm厚的圓片1片）

作法
1. 將胡蘿蔔煮軟後切碎，菠菜煮軟後仔細切碎。
2. 將豆腐、步驟①鋪在耐熱容器中，無需混合攪拌，覆蓋保鮮膜，放進微波爐加熱1分鐘。
3. 瀝乾豆腐的水分後，再搗成滑順細緻的泥狀，倒入蛋液與蔬菜均勻混合攪拌，在耐熱容器中均勻鋪成7～8mm的厚度。
4. 重新覆蓋保鮮膜，放進微波爐加熱2分鐘。放涼後切成小丁即完成。

用手拿著吃
餐點的實際大小

能量來源　　維生素、礦物質來源　　蛋白質來源

練習咀嚼期 主菜

蒸南瓜豆腐
1人分只要利用矽膠蛋糕模微波一下就好！

食材
板豆腐…45g（1／7塊）
南瓜（去皮去籽）…20g（2cm塊狀2塊）
太白粉…1／2小匙（p.20）
青海苔粉…少許

作法
1 將南瓜稍微用水沾濕後，包覆保鮮膜，放進微波爐加熱40秒～1分鐘後，切成5mm的小丁。
2 將豆腐放進碗中壓碎，加入太白粉、青海苔粉均勻混合攪拌，再加入步驟①稍微攪拌一下。
3 將步驟②倒入矽膠蛋糕模（或耐熱容器），覆蓋保鮮膜，放進微波爐加熱2分鐘即完成。

餐點的實際大小

寶寶茶碗蒸
混合攪拌高湯×蛋×番茄的三層茶碗蒸

食材
蛋液…1／2顆
番茄（去皮去籽）…30g（1／5顆）
高湯…1／3杯（p.24）
太白粉水…少許（p.20）

作法
1 將番茄大致切碎，盛入容器中。
2 將平底鍋直接開火加熱，無需倒油。倒入蛋液，翻炒後做出炒蛋，盛入步驟①的容器。
3 將高湯倒入平底鍋加熱，再加入太白粉水營造出滑順口感，倒入步驟②中即完成。

焗烤鮪魚高麗菜
可以替換成任何蔬菜！

食材
水煮鮪魚罐頭…10g（2／3大匙）
高麗菜…30g（1／2片）
披薩用起司絲…5g（1／2大匙）

作法
1 將高麗菜用沸水煮軟後，大致切碎。
2 將步驟①鋪在耐熱容器中，再依序鋪上鮪魚，撒上起司絲，覆蓋保鮮膜，放進微波爐加熱10～20秒即完成。

寶寶彩椒歐姆蛋
加入牛奶帶來濕潤滑順口感

食材
蛋液…1／2顆份
牛奶…1小匙
彩椒（去皮去籽）…10g（4cm大的彩椒1顆）
洋蔥丁…1大匙

作法
1 將蛋液、牛奶均勻混合攪拌。
2 將彩椒大致切碎。
3 將步驟①、②、洋蔥丁倒入直徑約8cm的耐熱容器（或馬克杯）中，覆蓋保鮮膜，放進微波爐加熱1分30秒，取出後在覆蓋保鮮膜的狀態下，靜置放涼即完成。

餐點的實際大小

※ 微波時間依微波爐機種與食材含水量而有所不同，請視情況調整。
※ 除微波外，也可將食材放入電鍋中，以外鍋1杯水蒸熟；或放入烤箱中烤4～5分鐘至熟。

配菜&甜點
再多搭配一道蔬菜、海藻、水果等餐點

★ 運用「維生素、礦物質來源食品」製作而成的餐點。
請搭配三合一餐點或主菜一起享用。

餐點的實際大小

大人吃的洋菜寒天也可以與寶寶分食

羊栖菜寒天沙拉

食材 洋菜寒天…20g
水煮羊栖菜…5g（1大匙）
芝麻油、醋、醬油…各少許

作法
1. 將洋菜寒天切成2cm長的小段，與羊栖菜混合攪拌後盛入容器中。
2. 將芝麻油、醋、醬油淋在步驟①上，混合攪拌後再給寶寶食用。

小松菜較無苦味不需要事先燙熟

餐點的實際大小

浸煮小松菜

食材 小松菜…10g（1／3株）
高湯…1／2杯（p.24）

作法
1. 將小松菜切成5～7cm長的小段。
2. 將步驟①、高湯倒入鍋中，一直煮到小松菜變軟即完成。

煎得香氣四溢營造味覺變化

用手拿著吃

奶油煎青花菜

食材 青花菜…10g（1小朵）
奶油…1／2小匙

作法
1. 將青花菜用沸水煮軟後，切成小朵。
2. 將奶油置於平底鍋，開火融化後，放入步驟①，每一面都煎成金黃色即完成。

甜味與酸味達成完美平衡

餐點的實際大小

番茄南瓜沙拉

食材 南瓜（去皮去籽）…10g
（2cm塊狀1塊）
番茄（去皮去籽）…5g
（1小匙果肉）

作法
1. 將南瓜用沸水煮軟後，磨成滑順細緻的泥狀。
2. 將番茄大致切碎，加入南瓜泥中混合攪拌即完成。

能量來源　維生素、礦物質來源　蛋白質來源

蔬菜味噌湯

食材
胡蘿蔔、白蘿蔔（去皮）…共 10g
小芋頭（去皮）…5g（1.5cm 塊狀 1 塊）
高湯…1／2 杯（p.24）
味噌…少許

作法
1. 將胡蘿蔔、白蘿蔔切成較小的扇形薄片，小芋頭切成 5mm～1cm 的小丁。
2. 將高湯、步驟 ① 倒入鍋中煮滾，繼續煮到所有食材都變軟後，加入味噌攪拌融化於湯裡即完成。

> 餐點的實際大小

> 甜味與酸味達成完美平衡

> 一點一滴釋放出根莖類蔬菜的甜味

練習咀嚼期

配菜＆甜點

地瓜豆漿濃湯

食材
地瓜（去皮）…10g（2cm 塊狀 1 塊）
高湯…1／3 杯
原味豆漿…1 大匙

作法
1. 將高湯、地瓜倒入鍋中，一直煮到地瓜變軟為止。取出地瓜，將地瓜搗成泥狀，再加入高湯稀釋地瓜泥。
2. 在步驟 ① 中加入豆漿，混合攪拌即完成。

> 用餐後補充維生素的小甜點

> 餐點的實際大小

> 運用果汁帶來清爽的多汁口感

用手拿著吃

柳橙糖漬胡蘿蔔

食材
胡蘿蔔（去皮）…10g
（切成 5mm 厚的圓片 2 片）
柳橙汁（100％純果汁）…2 小匙

作法
1. 將胡蘿蔔用沸水煮軟。
2. 將步驟 ① 倒入耐熱容器中，加入柳橙汁，覆蓋保鮮膜，放進微波爐加熱 30 秒，或直接放入鍋中煮 2～3 分鐘。取出後在覆蓋保鮮膜的狀態下，靜置放涼即完成。

草莓薄片奶

食材
草莓…10g（1 小顆）
牛奶…1 大匙

作法
1. 將草莓縱向對半切開。其中半顆用叉子等具搗碎，加入牛奶混合攪拌後盛入容器中。
2. 將剩下半顆草莓切成薄片，鋪在步驟 ① 上方。切成薄片的草莓也可以讓寶寶用手拿著吃。

用手拿著吃

※ 微波時間會依微波爐機種與食材含水量而有所不同，請視情況調整。

點 心

1天 0～1次

利用點心補足
在三餐攝取不到的營養

當寶寶學會在地上爬行、走路之後，活動量會大幅增長，身體當然也需要更多能量與營養。不過，由於寶寶的腸胃還很小，沒辦法一次吃下很多的分量。因此，就可以用「點心」來補足在三餐當中不足的營養。

寶寶的點心跟大人的甜點不同，我們稱為「第四餐」。

當寶寶還在喝奶時
偶爾「練習吃點心」就好

當寶寶仍處於白天還在喝母乳或配方奶的練習咀嚼期，並不需要給寶寶吃點心。基本上，等到超過1歲，到了大口享用期，白天的奶量減少後，才需要開始給寶寶吃點心補充營養。

在練習咀嚼期，可以把點心當成「練習」，偶爾給寶寶享用就好。如果是寶寶米餅，一次可以給6片再搭配麥茶，或是半根香蕉與麥茶，這樣的分量就是一整天的上限。

餐點的實際大小 / 用手拿著吃

sweet potato

發揮地瓜與牛奶原有的自然甘甜
奶香地瓜泥丸

食材　地瓜（去皮）…30g（1／8根）
　　　　牛奶…1／2大匙

作法
1. 將地瓜用沸水煮軟，利用叉子將地瓜搗碎，加入牛奶混合攪拌。
2. 將地瓜泥分成2等分，塑形成寶寶容易拿取的迷你地瓜形狀。

餐點的實際大小 / 用手拿著吃

apple / *banana* / *yogurt*

營養來源

用奶油煎得香氣四溢
奶油煎蘋果＆香蕉

食材　香蕉…15g（切成5mm厚的圓片3片）
　　　　蘋果（去皮去籽）…30g（1／8顆）
　　　　奶油…少許
　　　　原味優格…1大匙

作法
1. 將蘋果切成7mm厚的小塊。將奶油置於平底鍋，開火融化後，放入蘋果將兩面都煎成濕潤狀。
2. 將步驟①、香蕉盛入容器中，淋上優格即完成。

90　　能量來源　　維生素、礦物質來源　　蛋白質來源

Check!

寶寶可以**進階到**大口享用期了嗎？

- ✓ 即每天都有確實吃下早、中、晚三餐
- ✓ 可以自己用手拿著吃
- ✓ 可以用牙齦咬碎相當於肉丸子硬度的食物

菜色 Piont

- ☐ 1 天吃 3 次副食品 + 1～2 次點心
- ☐ 從副食品中攝取的營養約占整體的 8 成
- ☐ 須多留意鐵質、鈣質、維生素 D 是否不足
- ☐ 多讓寶寶用手拿著吃，平時也可以多將大人食物分食給寶寶
- ☐ 調味料控制在大人的一半以內，油脂控制在 1 小匙以內（p.128）

Part 4

1歲～1歲6個月左右

大口享用期的副食品食譜

（ 利用餐點＋點心為寶寶確實補充需要的營養 ）

　　由於這個階段寶寶的運動量會大增，必須增加一餐點心（p.118），讓寶寶攝取到充足的能量。當寶寶不再喝奶後，首當其衝的就是負責強化骨骼的鈣質容易不足。而且近年來，也產生了維生素 D 缺乏症的問題，一旦缺乏維生素 D，便無法幫助身體吸收鈣質。而維生素 D 必須透過照射陽光，才能幫助皮膚合成維生素 D，因此適度的散步、出外遊玩也相當重要。至於食材方面，魚類、菇類、蛋類當中也含有大量的維生素 D。

能量來源食品家族

一次選擇一種食材時的用量（若選兩種則各需減半）

到了大口享用期，建議在三餐中均衡搭配軟飯、麵包及麵類。軟飯可以做成煎餅、白飯可以製作成飯糰或海苔捲，給寶寶更多機會練習用手拿著吃。

就是這麼大！
大口享用期前期
適合的食材
實際大小

一次的分量

吐司 40g
（8片裝吐司1／3片）
→後期則為 50g（8片裝吐司4／5片）
無論是一般的 8 片裝吐司、或切邊吐司都可以。餐包的脂肪含量較高、法國麵包的鹽分含量較高，先不要給寶寶嘗試。

軟飯 90g
→後期則為白飯 80g
等寶寶習慣軟飯、即使飯中水分較少也可以順利吃下後，就可以跟大人吃一樣的白飯了。不必勉強趕上進度，吃軟一點的飯也沒關係。

乾燥義大利麵 30g
→後期則為 25g

乾燥麵線 20g
→後期則為 30g

玉米片 15g
→後期則為 25g

熟拉麵 55g
→後期則為 70g

烏龍麵 105g
（比1／3包略少）
→後期則為 130g（2／3包）
在大口享用期前期，寶寶可以吃大人分量（200g）的一半。可煮成湯麵或炒麵。

能量來源　維生素、礦物質來源　蛋白質來源

維生素、礦物質來源食品家族

一次選擇一種食材時的用量（若選兩種則各需減半）

將蔬菜煮軟後，切成比練習咀嚼期稍微大一點的方塊狀、扇形塊狀，或是方便寶寶用門牙咬斷的棒狀、片狀等多元的形狀。

※ 海藻類具有豐富的營養，建議可經常使用於副食品。
當寶寶沒有吃水果時，蔬菜多吃一點就沒問題。

大口享用期

適合的食材實際大小

蔬菜

番茄 30g →後期則為 40g
去除表皮與種籽。雖然番茄可以生吃，不過加熱後會更彰顯出甜味。

小黃瓜 30g
→後期則為 40g
到了大口享用期後期，若寶寶可以接受，小黃瓜不削皮也沒關係。建議切成較短的條狀或棒狀，方便寶寶用手拿著吃。

秋葵 30g
→後期則為 40g
切除蒂頭前端，並削除較硬的邊緣，用沸水煮軟。若寶寶不排斥種籽，不必去除也無妨。

南瓜 30g
→後期則為 40g
即使不去皮也無妨。將南瓜煮軟後再炸得酥脆，就能連皮一起吃。

蕪菁 30g
（果實與嫩葉合計）
→後期則為 40g
由於蕪菁表皮周圍的纖維較硬，建議削皮時可以削得厚一些。蕪菁葉的營養價值也很高，可切碎後使用於副食品。

海藻

昆布絲
仔細剝散後，加入軟飯、湯品或義大利麵中混合攪拌。黏滑口感與鮮美滋味最適合用來點綴副食品。

水果

奇異果
10g →後期也一樣
奇異果具有優異的抗氧化力與豐富的維生素。無論任何水果，都可當作用餐後的甜點，分量控制在 10g 左右即可。

蛋白質來源食品家族

一次選擇一種食材時的用量（若選兩種則各需減半）

食材的實際大小

到了這個階段，除了生魚片、鹽分及脂肪含量較高的肉類，以及較硬的食材之外，幾乎都可以跟大人吃一樣的蛋白質來源食材了。要記得趁新鮮時烹調喔！

魚

鰤魚（青甘）15g →後期則為 20g

含有豐富的 DHA、EPA，能促進大腦作用，血合肉的部分則含有豐富的鐵質。建議使用生魚片或切好的鰤魚片。

鯖魚 15g →後期則為 20g

含有豐富的營養，但由於脂肪含量較高，難以維持新鮮度。購買新鮮的鯖魚後請立刻烹調。

黃豆製品

高野豆腐 6g（1／3片）（日式凍豆腐）→後期也一樣

將高野豆腐泡水還原後，加入湯品等餐點中。高野豆腐含有豐富的鈣質，凝聚了許多營養素。

水煮黃豆 25g（2大匙） →後期也一樣

建議使用口感較軟的水煮黃豆。由於黃豆的薄皮較難消化，建議事先去除。納豆也是同樣的分量（25g）。

肉

豬瘦絞肉 15g →後期則為 20g

要使用白色脂肪較少的瘦肉部位製成絞肉。因為瘦肉比較容易消化吸收，也含有豐富的鐵質。

豬瘦肉片 15g →後期則為 20g

由於肉類的纖維較硬，不容易用牙齦咬斷，建議到1歲之後再將肉片切碎給寶寶食用。

蛋

全蛋 1/2 顆 →後期則為 2／3 顆

蛋是營養價值非常高的優秀食材。如果寶寶沒有對蛋過敏，每天食用也沒問題。

乳製品

起司片 2/3 片 →後期也一樣

由於起司片當中的蛋白質與鹽分含量都很高，一天最多控制在吃 2／3 片。若是優格，則可以給到100g（後期也一樣）。

🟧 能量來源　🟩 維生素、礦物質來源　🟥 蛋白質來源

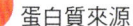

大口享用期
要給寶寶吃多少量？

實際大小
餐點

到了這個階段，寶寶幾乎可以跟大人吃一樣的食材，而且不只是水煮或油煎，就連炸物也沒問題。藉由讓寶寶體驗各式各樣的口感，培養寶寶自行調整咀嚼方式的能力。多讓寶寶用手拿著吃，鼓勵寶寶「自行用餐」。

番茄燉鰤魚
1. 將 15g 鰤魚、10g 洋蔥、5g 胡蘿蔔都切成 1cm 大小的塊狀，再將燙熟的 5g 菠菜切成 1cm 長的小段。
2. 將 1／3 杯高湯、2 大匙番茄汁（無添加食鹽）倒入鍋中，煮滾後再加入步驟 ①，將所有食材煮軟即完成。

大口享用期

適合的食材　實際大小●／餐點實際大小

哈密瓜薄片
將 10g 哈密瓜切成容易用手拿著吃的薄片狀。

用手拿著吃

香煎飯糰
1. 將 90g 軟飯（p.22）或 80g 白飯加入鰹魚片，混合攪拌後，塑形成一口大小的圓形。
2. 將沙拉油倒入平底鍋熱鍋，並排放入步驟 ①，用鏟子輕輕將飯糰壓扁，將兩面煎成金黃色即完成。

用手拿著吃

餐點的實際大小

95

寶寶1歲～1歲2個月左右、尚未完全習慣大口享用期之前，適合的餐點都在這裡！

前期 1week 餐點

★ 分量與質地僅供參考。請觀察寶寶實際吃副食品的情形，「增加或減少分量」、「調整成適合寶寶吞嚥的軟硬度及大小」、「替換成寶寶喜歡的食材」等，自行搭配組合。
★ 請觀察寶寶實際吃飯的情形，調整軟飯的水分含量。
★ 可逐漸增加用手拿著吃的餐點，增強寶寶想要自己拿取食物用餐的意願。

親子一起享用！
親子分食食譜

營養來源｜濕潤柔軟 × 酥酥脆脆的口感真有趣
吐司鹹派

Mon. 第1次

餐點的實際大小

用手拿著吃

食材 大人1人分＋寶寶1人分
- 吐司…切邊吐司5片
- 火腿…2片（30g）
- 青花菜…1／3顆（80g）
- A｜蛋液…1顆份
　　牛奶…1／2杯

作法
1. 將火腿切碎，青花菜切成小朵，燙熟後切成1cm的大小。
2. 將 A 倒入碗中均勻混合攪拌，再加入火腿碎粒混合攪拌。
3. 將每一片吐司都切成4等分，將2片吐司鋪在寶寶用的容器（邊長10cm方形容器）中，加入1／3量的青花菜，再倒入1／3的步驟 ②。另外3片土司則鋪在大人用的容器（直徑13cm的圓形容器），加入剩下的青花菜，並倒入剩下的步驟 ②。
4. 將步驟 ③ 覆蓋保鮮膜，兩個容器同時放進微波爐加熱3分鐘，再放進烤箱烤4～5分鐘，烤到吐司邊緣變得金黃酥脆為止。將寶寶要吃的鹹派撕成容易入口的大小，讓寶寶自己用手拿著吃。或將步驟 ③ 直接置入烤箱中烤7～8分鐘即可。

96　🟠 能量來源　🟢 維生素、礦物質來源　🟥 蛋白質來源　　※標示底線的內容為分食給寶寶的作法。

Mon. 第 2 次

寶寶牛丼

食材
軟飯（p.22）
…90g（比1碗兒童碗略少）
牛瘦肉片…15g
太白粉…少許
洋蔥…15g（切成1.5cm 寬的扇形塊狀1塊）
醬油…少許
高湯…1／2杯（p.24）

作法
1. 將洋蔥橫向對半切開，再切成細絲狀。牛肉切碎後，撒上薄薄一層太白粉。
2. 高湯倒入鍋中煮滾後，放入洋蔥，一直煮到洋蔥變軟後，再加入牛肉煮熟，倒入醬油混合攪拌。
3. 將軟飯盛入容器中，鋪上步驟 ② 即完成。

軟飯配上鮮甜的牛肉肯定吃光光！

最適合用手拿著吃

用手拿著吃

蔬菜棒沙拉

食材 彩椒（去皮去籽）、小黃瓜（去皮）…共15g

作法 將彩椒、小黃瓜切成1cm 寬的長條形棒狀即完成。

Mon. 第 3 次

軟飯

食材 軟飯（p.22）
…90g（比1碗兒童碗略少）

照燒鰤魚

食材
鰤魚…15g（生魚片1片）
太白粉…少許
菠菜…20g（2／3株）
A｜醬油、味醂…各少許
　｜水…3大匙

作法
1. 將鰤魚對半切開，撒上薄薄一層太白粉。將菠菜用沸水煮軟後，切成1cm長的小段。
2. 將 A 倒入鍋中煮滾後，加入鰤魚，一直煮到魚肉熟透為止。盛入容器中，旁邊擺上菠菜即完成。

用生魚片製作極簡和風定食

與練習咀嚼期同樣的軟度就 OK

最後加入味噌增添香氣

秋葵味噌湯

食材
秋葵…10g（1根）
高湯…1／2杯（p.24）
味噌…少許

作法
1. 將秋葵縱向對半切開，剔除種籽後切成薄片。
2. 將高湯、步驟 ① 倒入鍋中煮軟後，加入味噌攪拌融化於湯裡即完成。

大口享用期

大口享用期前期的 1 week 餐點 Mon.

Tue. 第1次

用手拿著吃的經典佳餚

蛋捲內滿滿的多汁番茄

用手拿著吃

鰹魚軟飯煎餅

食材 軟飯（p.22）…90g（比1碗兒童碗略少）
鰹魚片…1小撮
沙拉油…少許

作法
1. 在軟飯中加入鰹魚片，混合攪拌。
2. 將沙拉油倒入平底鍋熱鍋，用湯匙將步驟①塑形成圓形後放入鍋中，將兩面煎熟即完成。

番茄歐姆蛋

食材 蛋液…1／2顆　　蔥花…1小匙
番茄（去皮去籽）　　高湯…1小匙（p.24）
…25g（1／6顆）　　沙拉油…少許

作法
1. 將番茄大致切碎。
2. 將蛋液、高湯倒入碗中混合攪拌，再加入步驟①、蔥花混合攪拌。
3. 將沙拉油倒入平底鍋熱鍋，倒入步驟②，煎成歐姆蛋的形狀即完成。

Tue. 第2次

外出攜帶也很方便

用手拿著吃

補充維生素C 提升免疫力

豬絞肉高麗菜大阪燒

食材 豬絞肉…15g（1大匙）　　麵粉…2大匙
高麗菜…30g（1／2片）　A　水…3大匙
沙拉油…少許　　　　　　　鰹魚片…1小撮

作法
1. 將高麗菜切碎，放入碗中，加入A混合攪拌。
2. 將沙拉油倒入平底鍋熱鍋，加入豬絞肉拌炒，一直炒到絞肉全熟後，倒入步驟①，將兩面都煎成金黃色，再切成容易食用的大小即完成。

手拿水果（奇異果）

食材 奇異果（去皮）…10g
（切成半圓形薄片1～2片）

Tue. 第3次

親子一起享用！
親子分食食譜

去除鹹味的鮭魚帶來清淡風味

以絕佳口感成為焦點

馬鈴薯鮭魚飯

食材
（容易製作的分量）
米…2杯（360ml）
鹽漬鮭魚…1片
馬鈴薯（去皮）…1小顆（50g）
白蘿蔔（去皮）…50g
鹽昆布…適量

作法
1. 洗淨白米後瀝乾水分。
2. 將鹽漬鮭魚浸泡於熱水中5分鐘左右，瀝乾水分。將馬鈴薯切成一口大小，白蘿蔔切成扇形薄片。
3. 將步驟①放入炊飯器的內鍋，加入達2杯米刻度的水量。鋪上步驟②，按照常方式炊煮。煮好後取出鮭魚，去除鮭的魚皮與魚刺，再將鮭魚肉放回鍋中混攪拌。
4. 將50g的步驟③與等量的水倒入耐熱器中，<u>無需覆蓋保鮮膜，直接放進微波加熱3分鐘。加熱完畢後再覆蓋保鮮膜用餘溫繼續蒸熟</u>。大人食用的部分則將驟③加入鹽昆布混合攪拌即完成。

豆芽菜拌韭菜

食材 豆芽菜（去除根鬚）…15g（15根）
韭菜…5g（1根）
柑橘醋醬…少許

作法
1. 將豆芽菜折成1～2cm長的小段，韭切成1cm長的小段。
2. 將步驟①倒入耐熱容器，覆蓋保鮮膜放進微波爐加熱1分鐘～1分30秒或接燙熟。最後淋上柑橘醋醬即完成。

能量來源　　維生素、礦物質來源　　蛋白質來源

蕪菁昆布絲清湯

Wed. 第1次

用乾燥昆布絲就能立刻端上桌

食材
蕪菁（削除較多厚皮）…30g（1/4顆）
昆布絲…1小撮

作法
1. 將蕪菁切成5mm厚的扇形薄片。
2. 將步驟①、1/2杯水倒入鍋中，一直煮到蕪菁變軟為止。
3. 盛入容器中，放入昆布絲混合攪拌即完成。

魚肉香腸丼

食材
軟飯（p.22）…90g（比1碗兒童碗略少）
魚肉香腸（無添加著色劑）…15g（3cm）
烤海苔片…8片切海苔1/2片

作法
1. 將魚肉香腸切成5mm的小丁。
2. 將軟飯盛入容器中，烤海苔撕成小片後與步驟①一起撒在軟飯上。混合攪拌後再給寶寶食用。

恰到好處的鹹味與口感深受喜愛

Wed. 第2次

多做一點，親子一起補充鐵質！

親子一起享用！ 親子分食 食譜

雞肝肉醬義大利麵

食材 大人1人分＋寶寶1人分
乾燥義大利細麵…30g
義大利麵…80g
牛豬混合絞肉…50g
雞肝…30g
洋蔥…1/4顆
胡蘿蔔…1/8根
鴻禧菇…1/5包
A ｜番茄汁（無添加食鹽）…3大匙
　｜蔬菜湯…1杯
B ｜西式高湯粉…1/2小匙
　｜番茄醬、伍斯特醬…各1/2大匙
橄欖油…1小匙

作法
1. 用流水沖洗雞肝，去除雞肝上的脂肪及筋膜後，切成5mm的小丁。青花菜也切成5mm的小丁。
2. 將洋蔥、胡蘿蔔、鴻禧菇切碎。
3. 將橄欖油倒入平底鍋熱鍋，倒入絞肉、步驟①一起拌炒，炒到食材全熟後加入步驟②繼續拌炒。接著加入A煮2～3分鐘後，取出4大匙寶寶要吃的分量。
4. 將剩下的步驟③加入B調味。
5. 將寶寶要吃的義大利細麵折成2cm長的小段，裝入濾網中，花上比包裝標示更長的時間將義大利麵完全煮軟裝盤，大人要吃的義大利麵則按照包裝標示時間煮時候，盛入容器中。各自淋上醬汁及完成。

大口享用期前期的1 week 餐點　Tue. Wed.

軟飯＆寶寶香鬆

食材
軟飯（請參考p.22）…90g（比1碗兒童碗略少）
小蝦皮、青海苔粉…各少許

作法
1. 用手指將小蝦皮捏碎。
2. 將軟飯盛入容器中，撒上步驟①、青海苔粉即完成。
※ 小蝦皮（乾燥）是指比櫻花蝦更小、用手指就能輕易捏碎的蝦米。

Wed. 第3次

運用蔬菜的水分蒸得水潤多汁

不喜歡沒味道的飯就靠這道！ 用手拿著吃

萵苣燒賣

食材
豬絞肉…15g（1大匙）
洋蔥丁…1大匙
太白粉…1/4小匙
萵苣…10g（1/5片）
小番茄（去皮去籽）…10g（1顆）

作法
1. 將絞肉、洋蔥丁、太白粉倒入碗中均勻混合攪拌後，分成2等分，揉捏塑形成圓形。
2. 將萵苣切成短絲狀，撒上太白粉（額外使用）後，將萵苣裹在步驟①的外圍。
3. 將步驟②放入耐熱容器中，覆蓋保鮮膜，放進微波爐加熱1分鐘。可切成容易食用的大小，或讓寶寶直接用手拿著吃也無妨。將小番茄切成容易食用的大小，擺放於燒賣旁邊即完成。

※ 微波時間會依微波爐機種與食材含水量而有所不同，請視情況調整。
※ 除微波外，也可將食材放入電鍋中，以外鍋1杯水蒸熟。

99

Thu. 第1次

用雞絞肉與蛋做成
簡單版親子丼

攝取膳食纖維
解決便祕！

寶寶親子丼

食材
軟飯（p.22）…90g（比1碗兒童碗略少）
雞絞肉…5g（1／3大匙）
蛋液…1／3顆
洋蔥…10g（切成1cm寬的扇形塊狀1塊）
高湯…1／4杯（p.24）

作法
1. 將洋蔥橫向對半切開，再切成細絲。
2. 將高湯、雞絞肉倒入鍋中，開火加熱，將雞絞肉炒散開來。拌炒到雞絞肉全熟後，加入步驟①，一直煮到洋蔥變軟為止。
3. 將蛋液以畫圓的方式倒入步驟②，煮到蛋液全熟。
4. 將軟飯盛入容器中，鋪上步驟③即完成。

金針菇高麗菜湯

食材
金針菇（去除蒂頭）…10g（1／10包）
高麗菜…10g（1／6片）
蔬菜湯…1／3杯（p.24）

作法
1. 將金針菇、高麗菜切碎。
2. 將步驟①、高湯倒入鍋中，煮到蔬菜都變軟即完成。

Thu. 第2次

鯖魚炒麵

食材
熟拉麵…55g（1／3球）
水煮鯖魚罐頭（無添加食鹽／去皮去骨）…15g（1大匙）
小松菜…15g（1／2株）
番茄（去皮去籽）…15g（切成扇形片狀1片）
沙拉油…少許

作法
1. 將小松菜切成1cm小段，番茄切成1cm小丁。拉麵切成3〜4cm長的小段。
2. 將沙拉油倒入平底鍋中熱鍋，倒入拉麵、小松菜、1大匙水，炒到小松菜變軟為止。
3. 將鯖魚搗碎後加入鍋中，最後加入番茄稍微翻炒一下即完成。

攝取能培育大腦的DHA

用餐後的樂趣！

手拿水果（香蕉）

食材
香蕉…10g
（切成5mm厚的圓片2片）

能量來源　維生素、礦物質來源　蛋白質來源

Thu. 第3次

親子一起享用！親子分食食譜

餐點的實際大小

用家裡現有的食材，營養滿分！

什錦中華丼

大口享用期

大口享用期前期的 1 week 餐點 Thu.

食材 大人1人分＋寶寶1人分
- 軟飯（p.22）…90g（比1碗兒童碗略少）
- 熱騰騰的白飯…1碗
- 豬瘦肉片…50g
- 白菜…1／2 片
- 洋蔥…1／4 顆
- 胡蘿蔔…1／8 根
- 香菇…1小朵
- 水煮鵪鶉蛋…3 顆
- 蔬菜湯…1杯
- 太白粉水…適量（p.20）
- A
  - 伍斯特醬…1小匙
  - 醬油…1／2 大匙
  - 胡椒…少許
- 芝麻油…1／2 大匙

作法
1. 將豬肉切長1cm大小，白菜、洋蔥切成1～2cm的小丁，胡蘿蔔切成較小的扇形薄片。去除香菇的蒂頭，對半切開後再切成薄片。
2. 將芝麻油倒入鍋中熱鍋，依序放入豬肉、蔬菜拌炒，炒到豬肉變色後，再倒入蔬菜湯煮滾，加入太白粉水營造出滑順口感。放入鵪鶉蛋，整鍋稍微攪拌一下。
3. 將軟飯盛入容器中，淋上1／4量的步驟②。將1顆鵪鶉蛋對半切開，鋪在飯上，給寶寶食用時要記得將蛋黃攪碎，別讓寶寶嗆到。
4. 將剩下的步驟②加入 A 調味，淋在大人要食用的白飯上即完成。

※ 可將蔬菜熬湯後只取上方清澈的蔬菜湯，也可以使用市售的寶寶蔬菜湯包。

101

Fri. 第1次

活力十足的紅綠色彩
讓人食指大動

用新鮮水果
當作甜點

用手拿著吃

吐司披薩

食材
吐司…40g（8片裝吐司4／5片）
水煮鮪魚罐頭…15g（1大匙）
番茄（去皮去籽）…20g（1／8顆）
青椒（去籽）…10g（1／4顆）
披薩用起司絲…5g（1／2大匙）

作法
1. 將番茄切成1cm小丁，青椒切碎。
2. 將吐司切成4等分，鋪上鮪魚、步驟①、起司絲，放進烤箱烤2～3分鐘，烤到起司完全融化為止。

手拿水果（蜜柑）

食材 蜜柑（去除薄皮）…10g（2～3瓣）

Fri. 第2次

將昆布的鮮味
拌進軟飯裡

可以替換成
牛絞肉或雞絞肉

軟飯＆昆布絲

食材
軟飯（p.22）…50～90g（1碗兒童碗五～九分滿）
昆布絲…1小撮

作法
1. 將軟飯盛入容器中，鋪上昆布絲。混合攪拌後再給寶寶食用。

★由於「馬鈴薯燉絞肉」中已經有馬鈴薯，軟飯的量可以減少一些。

馬鈴薯燉絞肉

食材
豬絞肉…15g（1大匙）
馬鈴薯（去皮）…40g（1／4顆）
洋蔥…20g（切成2cm扇形塊狀1塊）
胡蘿蔔（去皮）…5g（切成5mm的圓片1片）
高湯…1杯（p.24）
醬油…少許

作法
1. 將馬鈴薯、洋蔥切成1cm小丁，胡蘿蔔切成小塊。
2. 將高湯、豬絞肉倒入鍋中，開火加熱，將豬絞肉攪散開來。等到豬絞肉全熟後，加入步驟①，一直煮到所有食材變軟後，倒入醬油混合攪拌即完成。

Fri. 第3次

加入海苔營養加倍

可以逐漸減少
飯裡的水分含量

用手拿著吃

軟飯

食材 軟飯（p.22）…90g（比1碗兒童碗略少）

海苔拌菠菜

食材
菠菜…20g（2／3株）
烤海苔片…8片切海苔1／2片

作法 將菠菜煮軟後，切成1cm長的小段，再將海苔撕碎後拌入菠菜即完成。

豆腐雞肉餅

食材
A ｜雞絞肉…10g（2／3大匙）
　｜板豆腐…20g（切成2cm塊狀2塊）
　｜金針菇（去除蒂頭）…10g（1／10包）
　｜蔥花…1小匙
　｜太白粉…1／4小匙
沙拉油…少許

作法
1. 將金針菇切碎。將A倒入碗中均勻混合攪拌後，分成4等分，並塑形成扁平的圓餅狀。
2. 將沙拉油倒入平底鍋中熱鍋，放入步驟①，將兩面煎熟即完成。

102　　能量來源　　維生素、礦物質來源　　蛋白質來源

奶油炊飯

食材（容易製作的分量）
米…2 杯（360ml）
A｜酒…2 大匙
　｜醬油…1 大匙
高湯…360ml（p.24）
奶油…比 1 大匙略少（10g）
青海苔粉…少許

作法
1. 將米洗淨後濾乾水分，倒入炊飯器的內鍋。加入 A，再加入達到 2 杯米刻度的水量，按照正常方式炊煮後，加入奶油混合攪拌。
2. 將 50g 的步驟 ① 與等量的水倒入耐熱容器中，無需覆蓋保鮮膜，直接放進微波爐加熱 3 分鐘。或直接放入電子鍋中煮熟。盛入容器中，撒上青海苔粉即完成。

高野豆腐燉菜

食材
高野豆腐（日式凍豆腐）…6g（1／3 片）
白蘿蔔…20g（切成 2cm 塊狀 2 塊）
胡蘿蔔（去皮）…10g（切成 1cm 厚的圓片 1 片）
A｜高湯…1／2 杯（p.24）
　｜醬油、味醂…各少許

作法
1. 將高野豆腐泡水還原，切成 1cm 寬的薄片。胡蘿蔔、白蘿蔔切成 1〜2cm 寬的薄片。
2. 將步驟 ①、A 倒入鍋中，一直煮到蔬菜變軟即完成。

Sat. 第 1 次

大人也覺得美味的奶油醬油風味
吸滿高湯的蓬鬆口感

大口享用期
親子一起享用！
親子分食食譜

大口享用期前期的 1 week 餐點　Fri. Sat.

Sat. 第 2 次

蛋一定要全熟是基本原則

餐點的實際大小

培根蛋黃烏龍麵

食材
烏龍麵…105g（1／2 包）
蛋黃…1 顆
牛奶…1 大匙
青花菜…30g（3 小朵）
沙拉油…少許

作法
1. 將烏龍麵切成 2〜3cm 長的小段，青花菜用沸水煮軟後，切成 1cm 大小。
2. 將蛋黃與牛奶混合攪拌。
3. 將沙拉油倒入平底鍋中熱鍋，倒入步驟 ① 稍微拌炒一下，以畫圓的方式倒入步驟 ②，待所有食材都煮熟即完成。

軟飯 & 海苔佃煮

食材
軟飯（p.22）…90g（比 1 碗兒童碗略少）
烤海苔片…8 片切海苔 1／2 片

作法
1. 將海苔片撕碎後，用水沾濕。
2. 將軟飯盛入容器中，鋪上步驟 ①。均勻混合攪拌後，再給寶寶食用。

漢堡排佐燙菜豆

食材
A｜牛豬混合絞肉…15g（1 大匙）
　｜麵包粉…1 大匙
　｜牛奶…1 小匙
菜豆…20g（2 根）
沙拉油…少許

作法
1. 將菜豆切成 2cm 長的小段，用沸水煮軟。
2. 將 A 倒入碗中混合攪拌，塑形成扁平的圓餅形。
3. 將沙拉油倒入平底鍋熱鍋，放入步驟 ②，將兩面都煎熟後盛入容器中。旁邊擺上步驟 ① 即完成。

Sat. 第 3 次

均勻混合攪拌避免噎著
加入麵包粉與牛奶營造柔軟口感
用手拿著吃

103

Sun. 第 **1** 次

親子一起享用！
親子分食
食譜

餐點的
實際大小

營養來源 一大一小的笑臉真令人開心！
蛋包飯

食材 大人1人分＋寶寶1人分
熱騰騰的白飯
…1大碗（200g）
蛋液…2顆
洋蔥…1／8顆
青椒（去除種籽）…少許
番茄糊…1／2大匙
鹽、胡椒…各適量
沙拉油…適量

作法
1. 將洋蔥、青椒切碎。
2. 將沙拉油倒入平底鍋中熱鍋，依序倒入洋蔥、白飯、番茄糊、青椒，每一次都要稍微拌炒後再加入下一樣食材。
3. 將 50g 的步驟 ② 與等量的水倒入耐熱容器中，無需覆蓋保鮮膜，直接放進微波爐加熱 3 分鐘。加熱完畢後再覆蓋保鮮膜，用餘溫繼續蒸熟後，盛入寶寶的容器中。或直接放入電子鍋中煮熟。
4. 將剩下的步驟 ② 加入鹽、胡椒調味，盛入大人的容器中。
5. 將沙拉油倒入平底鍋中熱鍋，倒入 2／3 的蛋液煎成蛋皮，鋪在步驟 ④ 上方。接著再倒入剩下的蛋液煎成蛋皮，鋪在步驟 ③ 上方。使用番茄醬（額外使用）畫出笑臉即完成。

104　能量來源　維生素、礦物質來源　蛋白質來源

Sun. 第2次

旗魚番茄義大利麵

食材
乾燥義大利細麵…30g
旗魚…15g（魚片1／8片）
小番茄（去皮去籽）…30g（3顆）
小黃瓜（去皮）…10g（1／10根）

作法
1 將小番茄切成4等分，小黃瓜切成扇形薄片，旗魚切成1cm的塊狀。
2 將義大利麵折成2～3cm長的小段，放入沸水中煮到包裝標示的時間，再加入旗魚，繼續煮1分鐘後撈起。
3 將步驟②倒入碗中，趁熱放入小番茄、小黃瓜，混合攪拌即完成。

加入生蔬菜做成義大利麵沙拉風

Sun. 第3次

軟飯

食材 軟飯（p.22）…90g
（比1碗兒童碗略少）

胡蘿蔔炒魩仔魚

食材
魩仔魚…5g（1／2大匙）
胡蘿蔔（去皮）
…10g（切成1cm厚的圓片1片）
芝麻油…少許

作法
1 將胡蘿蔔切成較短的細絲，用沸水煮軟。
2 將魩仔魚浸泡於1／2杯熱水，泡5分鐘左右瀝乾水分。
3 將芝麻油倒入平底鍋中熱鍋，加入步驟①、②稍微拌炒一下即完成。

豆腐菠菜味噌湯

食材
板豆腐…30g（1／10塊）
菠菜…20g（2／3株）
高湯…1／3杯（p.24）
味噌…少許

作法
1 將菠菜稍微燙一下，切成1cm的小段。豆腐切成1cm的塊狀。
2 將高湯倒入鍋中煮滾，倒入步驟①加熱後，加入味噌攪拌融化於湯裡即完成。

不愛吃胡蘿蔔的孩子也能接受

搭配有鹹味的炒菜一起吃

蔬菜放在湯裡就能滑順入口

大口享用期

大口享用期前期的1 week 餐點 Sun.

105

後期餐點日曆

1 歲 3 個月～1 歲 6 個月大左右就可以開始嘗試練習咀嚼期後期的餐點。

★ 本頁是將 p.108～117 的「三合一餐點」、「主菜」、「配菜＆甜點」組合起來的一週餐點範例。建議可觀察寶寶用餐的情形與喜好，隨意組合更換餐點，加入本書中沒有的食材也無妨。
★ 等到寶寶越來越會咀嚼後，就可以從軟飯進階為跟大人一樣的白飯。
★ 可以趁大人的湯品尚未調味前，盛裝出來給寶寶分食，偶爾採用「親子分食副食品」也沒問題。
★ 若寶寶不再喝奶後有鐵質攝取不足的問題，一天可以給寶寶喝 300～400ml 的鮮奶或奶粉泡的牛奶（優格等乳製品也 OK）。
★ 請在餐點中加入富含維生素 D（可幫助鈣質吸收）的魚類或菇類。

Mon.

第 1 次
＼營養來源／ 
鬆餅佐南瓜抹醬
→ p.111

第 2 次
＼營養來源／ ＋ 甜點
八寶菜燴烏龍麵　水果
→ p.109

第 3 次
主食 ＋ 主菜 ＋ 配菜
白飯　酥炸鯖魚　玉米濃湯
　　　→ p.112　→ p.117

Thu.

第 1 次
＼營養來源／ ＋ 配菜
高麗菜炒蛋飯糰　玉米拌青花菜
→ p.108　→ p.116

第 2 次
主食 ＋ 配菜
白飯　高麗菜番茄蒸烤白肉魚
　　　→ p.112

第 3 次
＼營養來源／ ＋ 甜點
彩椒鮭魚麵線煎餅　水果
→ p.109

Fri.

第 1 次
＼營養來源／ ＋ 甜點
黃豆粉吐司佐蔬菜棒　水果
→ p.111

第 2 次
主食 ＋ 主菜
白飯　白菜燉鰤魚
　　　→ p.112

第 3 次
主食 ＋ 主菜 ＋ 配菜
白飯　青花菜肉捲　番茄優格沙拉
　　　→ p.113　→ p.117

Tue.

第1次: 主食 白飯 + 主菜 蔬菜蛋捲 → p.115 + 配菜 菇菇湯 → p.117

第2次: ＼營養來源／ 秋葵雞肉義大利湯麵 → p.110

第3次: 主食 白飯 + 配菜 高麗菜番茄蒸烤白肉魚 → p.112

Wed.

第1次: ＼營養來源／ 鮪魚口袋三明治 → p.111 + 配菜 圓滾滾番茄馬鈴薯 → p.116

第2次: ＼營養來源／ 寶寶涼麵 → p.109

第3次: 主食 白飯 + 主菜 韭菜炒雞肝 → p.113 + 配菜 炸南瓜 → p.116

Sat.

第1次: 主食 白飯 + 主菜 菇菇豆腐炒蛋 → p.114

第2次: ＼營養來源／ 牛肉炒飯 → p.108

第3次: ＼營養來源／ 奶油玉米鮪魚義大利麵 → p.110 + 配菜 菇菇湯 → p.117

Sun.

第1次: 主食 麵包 + 主菜 菠菜起司炒蛋 → p.107 + 甜點 熱蘋果 → p.117

第2次: 主食 白飯 + 主菜 彩椒天婦羅 → p.114 + 配菜 玉米濃湯 → p.117

第3次: ＼營養來源／ 義式地瓜麵疙瘩 → p.110 + 主菜 炸胡蘿蔔 → p.116

大口享用期

大口享用期後期的餐點日曆

營養來源

三合一餐點
一道就備齊三種營養來源

★ 同時具備「能量來源食品」、「維生素、礦物質來源食品」、「蛋白質來源食品」的三合一餐點。

營養來源　甜甜的醬汁裡藏有胡蘿蔔泥
胡蘿蔔奶香焗飯

食材
白飯…80g（兒童碗約八分滿）
水煮黃豆…10g（1大匙）
A ┌ 胡蘿蔔泥…1大匙
　├ 牛奶…2大匙
　└ 蔬菜湯…2大匙
太白粉水…少許（p.20）
起司粉…少許

作法
1. 去除黃豆的薄膜，與白飯混合攪拌。
2. 將 A 倒入鍋中煮滾後，加入太白粉水營造出滑順口感。
3. 將步驟①盛入容器中，淋上步驟②，撒上起司粉即完成。

營養來源　用微波爐就能輕鬆做出鬆軟炒蛋
高麗菜炒蛋飯糰

食材
白飯…80g（兒童碗約八分滿）
蛋液…1／2顆
高麗菜…15g（1／4片）

作法
1. 將高麗菜用沸水煮軟後，切碎。
2. 將蛋液、步驟①倒入耐熱容器中，覆蓋保鮮膜放，進微波爐加熱20秒後，用筷子攪散開來。或直接放入平底鍋中拌炒。
3. 將步驟②加入白飯混合攪拌，分成3等分捏成三角飯糰即完成。

> 餐點的實際大小

營養來源　補充鐵質！道地的濃郁牛肉滋味
牛肉炒飯

食材
白飯…80g（兒童碗約八分滿）
牛瘦肉片…20g
彩椒（去皮去籽）…10g（4cm大的彩椒1顆）
菜豆…10g（1根）
洋蔥丁…1大匙
沙拉油…少許

作法
1. 將牛肉切碎，菜豆切成小段，彩椒大致切碎。
2. 將沙拉油倒入平底鍋熱鍋，依序倒入牛肉、洋蔥、彩椒拌炒。一直炒到蔬菜變軟後，再加入白飯稍微拌炒一下即完成。

108　　■ 能量來源　■ 維生素、礦物質來源　■ 蛋白質來源

小黃瓜起司捲

爽脆的口感讓人忍不住吃個不停

食材
白飯…80g（兒童碗約八分滿）
起司片…2／3片
小黃瓜…20g（1／5根）
烤海苔片…2／3大片

作法
1. 將小黃瓜切絲，起司切成5mm寬的條狀。
2. 將烤海苔片橫向鋪在竹簾（或保鮮膜）上，將白飯平鋪在靠近自己的2／3處，並排放上小黃瓜、起司，切成一口大小即完成。

彩椒鮭魚麵線煎餅

外層酥脆、內在軟嫩

食材
乾燥麵線…40g（4／5把）
鮭魚（去皮去骨）…20g（1／6片鮭魚切片）
彩椒（去皮去籽）…30g（1／5顆）
太白粉…1大匙
沙拉油…少許

作法
1. 將乾燥麵線折成2～3cm長的小段，用沸水煮2分鐘。煮到一半時加入鮭魚一起煮，煮熟後取出鮭魚仔細搗散。撈起麵線浸泡於冷水，再瀝乾水分。
2. 將彩椒切成2cm長的細絲。
3. 將步驟①、②、太白粉倒入碗中，均勻混合攪拌。
4. 將沙拉油倒入平底鍋熱鍋，將步驟③倒入平底鍋攤平，用較弱的中火將兩面都仔細煎熟，切成容易入口的大小即完成。

八寶菜燴烏龍麵

運用香菇的鮮味讓美味倍增

食材
烏龍麵…130g（2／3包）
豬瘦肉片…20g
青江菜…20g（1小片）
香菇（去除蒂頭）…15g（1朵）
太白粉水…少許（p.20）

作法
1. 將烏龍麵切成2～3cm長的小段，用沸水煮軟後盛入容器中。
2. 將豬肉片切碎，青江菜切成1cm長的小段，香菇對半切開後再切成薄片。
3. 將高湯、步驟②倒入鍋中，一直煮到蔬菜都變軟為止。加入太白粉水營造出滑順口感，淋在步驟①上即完成。

寶寶涼麵

夏季清爽的味覺體驗

食材
乾燥麵線…40g（4／5把）
火腿…1／2片
水煮鵪鶉蛋…1顆
番茄（去皮去籽）…20g（1／8顆）
小黃瓜…20g（1／5根）
A｜檸檬汁、醬油、芝麻油…各少許

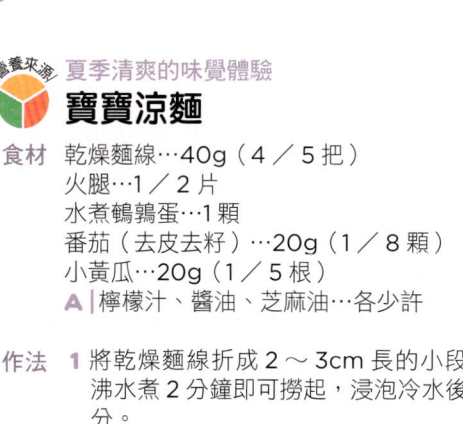

作法
1. 將乾燥麵線折成2～3cm長的小段，用沸水煮2分鐘即可撈起，浸泡冷水後瀝乾水分。
2. 將番茄切成1cm的小丁，小黃瓜與火腿都切成2cm長的細絲。鵪鶉蛋對半切開。
3. 將步驟①盛入容器中，鋪上步驟②的各項食材。將A混合攪拌後再淋上涼麵即完成。

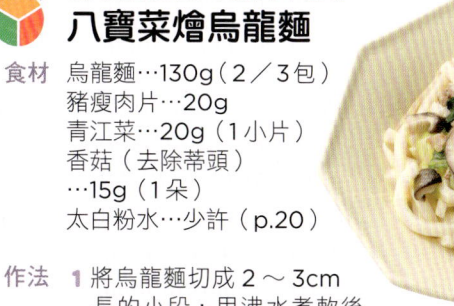

餐點的實際大小

Triple in 三合一餐點

大口享用期

109

營養來源

餐點的實際大小

用奶油玉米做出最棒的醬汁
秋葵雞肉義大利湯麵

食材
乾燥快熟通心粉…35g
雞腿肉（去皮）…20g
洋蔥…20g（切成2cm的扇形塊狀1塊）
秋葵…10g（1根）
蔬菜湯…1／2杯

作法
1. 花上比包裝標示更長的時間，將通心粉完全煮軟後，撈起瀝乾水分。
2. 將雞肉切成1cm大，洋蔥切成1cm的小丁，秋葵切成薄片。
3. 將蔬菜湯、雞肉倒入鍋中煮滾後，加入洋蔥、秋葵、步驟①一直煮到食材都變軟即完成。

雞湯的溫醇風味滲入蔬菜
奶油玉米鮪魚義大利麵

食材
乾燥義大利細麵…35g
水煮鮪魚罐頭…20g（比1大匙略多）
胡蘿蔔（去皮）…10g（切成1cm厚的圓片1片）
奶油玉米罐頭…30g（2大匙）
牛奶…1小匙

作法
1. 將胡蘿蔔切成薄片後，用模具壓成寶寶喜歡的形狀。
2. 將奶油玉米過篩，加入牛奶混合攪拌。
3. 將義大利麵折成2～3cm的小段，與步驟①一起花上比包裝標示更長的時間完全煮軟後，撈起瀝乾水分。
4. 將義大利麵盛入容器中，鋪上鮪魚。淋上步驟②，點綴胡蘿蔔即完成。

雞柳與優格的酸味堪稱絕配！
義式地瓜麵疙瘩

食材
地瓜（去皮）…50g（1／5條）
雞柳…15g（比1／3條略少）
綠蘆筍（削除根部的皮）…20g（1根）
麵粉…2大匙
蛋液…1大匙
原味優格…1大匙

作法
1. 將地瓜用沸水煮軟後，磨成泥狀。加入麵粉、蛋液，塑形成一口大小的扁平圓餅狀。
2. 將綠蘆筍斜切成1～2cm寬的小段。
3. 煮一鍋沸水，將雞柳燙熟後取出。將步驟①、②倒入同一鍋沸水，煮1～2分鐘，煮軟後盛入容器中。
4. 將雞柳仔細撕成細絲，倒入優格混合攪拌後，淋上步驟③即完成。

超適合搭配鮮美的昆布絲
番茄炒蛋義大利麵

食材
乾燥義大利細麵…35g
蛋液…2／3顆
番茄（去皮去籽）…40g（1／4顆）
昆布絲…1小撮
橄欖油…少許

作法
1. 將義大利麵折成2～3cm長的小段，花上比包裝標示更長的時間將義大利麵完全煮軟後，撈起瀝乾水分。
2. 將番茄切成1cm的小丁。
3. 將橄欖油倒入平底鍋熱鍋，倒入蛋液稍微攪拌一下，再加入步驟①、②一起拌炒。最後加入昆布絲，稍微拌炒一下即完成。

110　🟠 能量來源　🟢 維生素、礦物質來源　🟥 蛋白質來源

用切碎的青花菜點綴繽紛色彩
鮪魚口袋三明治

食材
吐司…50g
（8片裝吐司1片）
水煮鮪魚罐頭…10g
（2／3大匙）
原味優格…2大匙
青花菜…20g（2小朵）

作法
1. 將青花菜用沸水煮軟後，仔細切碎。
2. 將鮪魚、步驟①、優格倒入碗中混合攪拌。
3. 將吐司切成4等分，於吐司中央切出開口，填入步驟②即完成。

大口享用期

餐點的實際大小

用大量的蛋帶來蓬鬆柔軟口感！
鬆餅佐南瓜抹醬

食材
A｜鬆餅粉…50g
　｜蛋液…1／2顆
　｜牛奶…2大匙
南瓜（去皮去籽）…30g
（切成3cm塊狀1塊）
起司粉…少許

作法
1. 將A倒入碗中，均勻混合攪拌。
2. 平底鍋中無需倒油，直接開火熱鍋，倒入步驟①形成直徑5～6cm的圓形。將兩面煎熟後，盛入容器中。
3. 將南瓜用沸水煮軟，磨成泥狀，加入起司粉混合攪拌，置於步驟②旁，可當作鬆餅抹醬食用。

Triple in 三合一餐點

烤黃豆粉醬吐司香氣四溢
黃豆粉吐司佐蔬菜棒

食材
吐司…50g
（8片裝吐司1片）
黃豆粉…1大匙
原味豆漿…1大匙
小黃瓜、白蘿蔔、胡蘿蔔（去皮）…共40g

作法
1. 將吐司切成長條狀。
2. 將黃豆粉加入豆漿混合攪拌，塗抹於步驟①，放入烤箱烤2～3分鐘後，盛入容器中。
3. 將蔬菜都切成4～5cm長、5mm寬的長條狀，白蘿蔔、胡蘿蔔都用沸水煮軟後，與小黃瓜一起擺在步驟②旁即完成。

111

主菜 可以搭配粥品等主食一起享用的餐點

★ 運用「蛋白質來源食品」、「維生素、礦物質來源食品」製作而成的餐點。

使用鮭魚或鰤魚也不錯
酥炸鯖魚

食材
鯖魚（去皮去骨）…20g
（1／6 片鯖魚切片）
青椒（去籽）…20g（1／2 顆）
太白粉、油炸用油…各適量

作法
1. 將鯖魚切成 2～3cm 大，撒上薄薄一層太白粉。青椒切成 2cm 長、5mm 寬的小塊。
2. 在平底鍋中倒入稍多一點油，開火熱鍋，依序放入青椒、鯖魚，炸到全熟、呈現金黃酥脆為止。鯖魚可以讓寶寶用手拿著吃，或剝成小塊再給寶寶食用。

以蒸烤的方式讓魚肉全熟
高麗菜番茄蒸烤白肉魚

食材
鯛魚…20g（1／6 片鯛魚切片）
高麗菜…20g（1／3 片）
番茄（去皮去籽）…15g
（切成扇形片狀 1 片）

作法
1. 將高麗菜切絲，番茄切成 1cm 的小丁。
2. 攤開鋁箔紙，先將高麗菜絲鋪在底層，再放上鯛魚、番茄丁，稍微灑一點水後，用鋁箔紙完整包覆食材。放入烤箱蒸烤 5 分鐘左右。將魚肉剝散後，再給寶寶食用。

用高湯燉煮出溫和滋味
白菜燉鰤魚

食材
鰤魚（去皮去骨）…20g
（1／6 片鰤魚切片）
白菜…20g（1／5 片）
鴻禧菇…10g（1／10 包）
高湯…1／2 杯（p.24）

作法
1. 將鰤魚切成 3 塊，白菜切成 3cm 長的細絲，鴻禧菇切成 1～2 長的小段。
2. 將高湯、白菜、鴻禧菇倒入鍋中煮滾後，加入鰤魚，一直煮到蔬菜都變軟為止。將魚肉剝散後，再給寶寶食用。

112　　能量來源　　維生素、礦物質來源　　蛋白質來源

可多做一點再分裝冷凍
黃豆燉豬肉

食材
- 豬絞肉…50g（比 3 大匙略多）
- 水煮黃豆…20g（2 大匙）
- 洋蔥…10g（切成 1cm 寬的扇形塊狀 1 塊）
- 胡蘿蔔（去皮）…5g（切成 5mm 厚的圓片 1 片）
- 青椒（去籽）…5g（1／8 顆）
- 番茄汁（無添加食鹽）…2 大匙
- 蔬菜湯…1／4 杯
- 橄欖油…少許

作法
1. 去除黃豆的薄膜。將洋蔥、胡蘿蔔、青椒切成 1cm 的小丁。
2. 將橄欖油倒入平底鍋中熱鍋，依序倒入絞肉、洋蔥、胡蘿蔔、黃豆、青椒，每一次都要稍微拌炒後再加入下一樣食材。
3. 倒入番茄汁、蔬菜湯，一直煮到蔬菜都變軟即完成。

★建議分裝冷凍（p.21）。

餐點的實際大小
大口享用期

帶來滿滿活力、補充鐵質
韭菜炒雞肝

食材
- 雞肝…20g
- 豆芽菜（去除根鬚）…20g（2 根）
- 韭菜…10g（2 根）
- 芝麻油…少許

作法
1. 用流水沖洗雞肝，去除雞肝上的脂肪及筋膜後，切成 1cm 的小丁。豆芽菜折成 2cm 長的小段，韭菜切成 1cm 長的小段。
2. 將芝麻油倒入平底鍋中熱鍋，放入雞肝拌炒。待雞肝全熟後，依序加入豆芽菜、韭菜，混合拌炒即完成。

後加入醋襯托出清爽後味
醋醬雞腿蘿蔔湯

食材
- 雞腿肉（去皮）…20g
- 白蘿蔔…30g（切成 3cm 塊狀 1 塊）
- 白蘿蔔葉…少許
- 蔬菜湯…1／2 杯（p.24）
- 醬油、醋…各少許

作法
1. 將雞肉切成 1cm 大，白蘿蔔切成 1～2cm 大的薄片，蘿蔔葉仔細切碎。
2. 將蔬菜湯、步驟①倒入鍋中，一直煮到白蘿蔔變軟為止。最後淋上醬油、醋，再稍微煮一下即完成。

餐點的實際大小
主菜

捲入蔬菜營造豐富口感
青花菜肉捲

食材
- A
  - 豬絞肉…15g（1 大匙）
  - 板豆腐…20g（切成 2cm 塊狀 1 塊）
  - 太白粉…1／4 小匙
- 青花菜…15g（1 又 1／2 小朵）
- 沙拉油…少許

作法
1. 將青花菜用沸水煮軟後，切成 1cm 大的塊狀
2. 將 A 倒入碗中，均勻混合攪拌。
3. 鋪好保鮮膜，將步驟②橫向攤平，再橫向並排鋪上步驟①，就像是在捲飯捲一樣捲起保鮮膜。
4. 將沙拉油倒入平底鍋中熱鍋，取下步驟③的保鮮膜，將肉捲放入鍋中，將每一面都均勻煎熟後，切成容易入口的大小即完成。

餐點的實際大小
用手拿著吃

主菜

完全不黏！酥脆的口感令人耳目一新
彩椒天婦羅

食材
小粒納豆…20g（比1大匙略多）
彩椒（去皮去籽）…10g
（4cm 大的彩椒1顆）
蔥花…1小匙
麵粉…1小匙
油炸用油…適量

作法
1. 將彩椒切碎。
2. 將納豆、彩椒、蔥花倒入碗中均勻混合攪拌，倒入麵粉稍微攪拌一下。
3. 在平底鍋中倒入稍多一點油，開火熱鍋，依次用湯匙舀1小匙步驟②滑入鍋中，將兩面都炸得金黃酥脆即完成。

淋上勾芡過的青蔬讓豆腐變溫熱
青蔬燴豆腐

食材
板豆腐…50g（1／6塊）
菠菜…20g（2／3株）
高湯…2／3杯（p.24）
太白粉…1／2小匙

作法
1. 將菠菜用沸水煮軟後，仔細切碎。
2. 將高湯、太白粉、步驟①倒入鍋中，開火加熱，時時攪拌，營造出濃稠感。
3. 將豆腐盛入容器中，淋上步驟②即完成。

餐點的實際大小

親子一起享用
親子分食食譜

營養＆美味滿分的經典菜餚
菇菇豆腐炒蛋

食材
板豆腐…1／2塊（150g）
蛋液…1／2顆
香菇（去除蒂頭）…15g（1朵）
胡蘿蔔（去皮）…15g
（切成1.5cm厚的圓片1片）
蔥花…1大匙
沙拉油…適量

作法
1. 將香菇、胡蘿蔔切成5mm小丁。
2. 將沙拉油倒入平底鍋中熱鍋，倒入香菇、胡蘿蔔拌炒，炒軟後加入豆腐，拌炒時將豆腐炒碎。
3. 將豆腐炒成碎粒後，加入蔥花，再以畫圓的方式倒入蛋液，一直炒到蛋全熟即完成。

★這道菜做完的分量比較多，剩下的部分可以倒入少許醬油，做成大人的菜餚。

加入納豆帶來Q彈口感
豆香蘿蔔煎餅

食材
A
碎粒納豆…20g
（比1大匙略多）
白蘿蔔泥…2大匙
胡蘿蔔泥…1小匙
太白粉…1／2小匙
沙拉油…少許

作法
1. 將白蘿蔔泥瀝除多餘水分後，倒入碗中與A的其餘食材均勻混合攪拌。
2. 將沙拉油倒入平底鍋中熱鍋，依次用湯匙舀1小匙步驟②滑入鍋中，將兩面都煎得金黃酥脆即完成。

餐點的實際大小

能量來源　維生素、礦物質來源　蛋白質來源

將蓬鬆軟嫩的高野豆腐作成炒菜
高麗菜炒高野豆腐

食材
高野豆腐…6g（1／3片）
高麗菜…20g（1／3片）
鰹魚片…1小撮
沙拉油…少許

作法
1. 將高野豆腐泡水還原，切成1cm的小丁。高麗菜用沸水煮軟後，也切成1cm大小。
2. 將沙拉油倒入平底鍋中熱鍋，倒入步驟①拌炒，再加入鰹魚片一起拌炒即完成。

餐點的實際大小

大口享用期

主菜

連帶吃下色彩繽紛的蔬菜
蔬菜蛋捲

食材
蛋液…2／3顆
牛奶…1／2小匙
胡蘿蔔（去皮）…10g
（切成1cm厚的圓片1片）
菜豆…5g（1／2根）
沙拉油…少許

作法
1. 將胡蘿蔔切成5mm的小丁，菜豆切成環狀。
2. 將步驟①放入耐熱容器，覆蓋保鮮膜，放進微波爐加熱30秒。或直接以沸水煮軟。
3. 將步驟②、牛奶倒入蛋液中混合攪拌。
4. 將沙拉油倒入玉子燒鍋中熱鍋，倒入步驟③，製作煎蛋捲。放涼後切成容易入口的大小即完成。

餐點的實際大小

用手拿著吃

蛋與起司的濃郁風味 讓人把蔬菜吃光光！
菠菜起司炒蛋

食材
蛋液…1／2顆
披薩用起司絲…3g（1小匙）
菠菜…30g（1株）
沙拉油…少許

作法
1. 將菠菜用沸水煮軟後，切成1cm長的小段。
2. 將沙拉油倒入平底鍋中熱鍋，倒入步驟①稍微拌炒一下，加入蛋液，用筷子一邊混合攪拌、一邊將蛋炒熟。撒上披薩用起司絲，稍微攪拌一下即完成。

配菜&甜點
再多搭配一道蔬菜、海藻、水果等餐點

★ 運用「維生素、礦物質來源食品」製作而成的餐點。
請搭配三合一餐點或主菜一起享用。

餐點的實際大小

玉米拌青花菜

食材
青花菜…10g（1小朵）
奶油玉米罐頭…12g（1大匙）

作法
1. 將青花菜用沸水煮軟後，仔細剝成小塊。
2. 將奶油玉米過篩，加入步驟①混合攪拌即完成。

利用奶油玉米帶來甘甜滑順滋味

炸得酥酥脆脆令人耳目一新

炸胡蘿蔔

食材
胡蘿蔔（去皮）…10g
（較細的尾端2.5cm）
麵粉…2大匙
水…2大匙
油炸用油…適量

作法
1. 將胡蘿蔔切成5mm厚的圓片，用沸水煮軟。
2. 將麵粉、水倒入碗中混合攪拌，再加入步驟①混合攪拌。
3. 在平底鍋中倒入稍多一點油，開火熱鍋，放入步驟②，將兩面都炸得金黃酥脆即完成。

圓滾滾番茄馬鈴薯

食材
小番茄…20g（2顆）
馬鈴薯（去皮）…20g（1／8顆）
牛奶…少許

作法
1. 先於小番茄的外皮切出十字形的刀痕，再放入耐熱容器中，放進微波爐加熱20秒後，剝除外皮。將小番茄橫向對半切開，去除種籽。
2. 將馬鈴薯用沸水煮軟後，磨成泥狀，再加入牛奶混合攪拌，分成4等分，塑形成圓形。
3. 將步驟②塞入步驟①即完成。

做成用指尖可以抓住的形狀

利用微波爐縮短料理時間！

炸南瓜

食材
南瓜（去皮去籽）…20g（切成扇形片狀2片）
油炸用油…適量

作法
1. 將南瓜稍微用水沾濕，包覆保鮮膜，放進微波爐加熱30秒～40秒。
2. 在平底鍋中倒入稍多一點油，開火熱鍋，放入步驟①，將兩面都炸得金黃酥脆即完成。

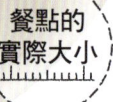

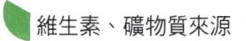

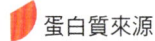

餐點的實際大小

116　　能量來源　　維生素、礦物質來源　　蛋白質來源

菇菇湯

食材 大人1人分＋寶寶1人分
香菇（去除蒂頭）…20g（2小朵）
金針菇（去除蒂頭）…20g（1／5包）
蔬菜湯…250ml（p.24）
鹽、胡椒…各適量
醬油…1小匙

作法
1. 將香菇對半切開後再切成薄片，金針菇則切成1cm長的小段。
2. 將步驟①、蔬菜湯倒入鍋中，用較弱的中火煮4～5分鐘。
3. 分裝1／3量給寶寶，剩下的湯再加入鹽、胡椒、醬油調味，做成大人食用的湯品。

親子一起享用！
親子分食 食譜
放入2種菇類釋放鮮美滋味

大口享用期

可愛的色澤能提升食慾！

玉米濃湯

食材 大人1人分＋寶寶1人分
奶油玉米罐頭…45g（3大匙）
彩椒（紅、黃色彩椒，去皮去籽）…各10g
蔬菜湯…250ml
鹽、胡椒…各適量

作法
1. 將彩椒切碎。
2. 將步驟①、奶油玉米、蔬菜湯倒入鍋中，用較弱的中火煮4～5分鐘。
3. 分裝1／3量給寶寶，剩下的湯再加入鹽、胡椒調味，做成大人食用的湯品。

配菜＆甜點

熱蘋果

食材（容易製作的分量）
蘋果（去皮去籽）…1／8顆（30g）
蘋果汁…2大匙

作法
1. 將蘋果切成1cm的小丁。
2. 將步驟①、蘋果汁倒入耐熱容器中，放進微波爐加熱30秒即完成。
★將1／3量分給寶寶，剩下的熱蘋果可以給大人食用。

用果汁熬煮營造濕潤口感

餐點的實際大小

靈活運用優格的酸味與黏稠口感

番茄優格沙拉

食材 番茄（去皮去籽）…15g（切成扇形片狀1片）
原味優格…1大匙

作法
1. 將番茄切成1～2cm的小丁。
2. 將原味優格盛入容器中，放上步驟①。混合攪拌後再給寶寶食用。

※微波時間會依微波爐機種與食材含水量而有所不同，請視情況調整。
※除微波外，也可將食材放入電鍋中，以外鍋1杯水蒸熟；或直接以沸水煮軟。

117

點 心

1天 1~2次

先決定好時間與分量，例如早上 10 點、下午 3 點等

給寶寶吃點心時，最重要的就是必須留意不可以讓寶寶吃得太多，免得更重要的正餐吃不下，過沒多久肚子又餓了，結果又想吃更多點心，陷入惡性循環。為了避免影響到正餐的食慾，點心一天只能吃一到兩次，事先決定好享用點心的時間與分量也非常重要。

此外，若是點心拖拖拉拉地吃得太久，也很容易導致蛀牙，千萬要小心避免！吃完點心後，記得讓寶寶喝水或麥茶，藉此清潔口腔。

用點心為寶寶補充容易缺乏的營養素！

點心也是飲食的一部分，不妨準備可當作寶寶能量來源的飯糰、麵包，或可以補充維生素的蔬菜、水果，當寶寶不再喝奶後容易缺乏鈣質，可多攝取能補鈣的乳製品、富含鐵質的燕麥、含鐵餅乾等，多少都能讓寶寶攝取到更豐富的營養。

當寶寶不再喝奶後，一天可攝取約 300～400ml 的牛奶，當然也可以當作點心喔！

餐點的實際大小

macaroni

幼兒園最受歡迎的手拿點心
黃豆粉通心麵

食材
乾燥快熟通心粉…10g
黃豆粉…1／2 大匙
砂糖…1／2 小匙

作法
1. 花上比包裝標示更長的時間，將通心粉完全煮軟後，撈起瀝乾水分。
2. 將黃豆粉、砂糖倒入碗中混合攪拌，加入步驟 ① 混合，均勻裹上黃豆粉，讓黃豆粉變得濕潤即完成。

用手拿著吃

餐點的實際大小

營養來源 利用鯷仔魚補充鈣質
蔬菜鯷仔魚蒸糕

食材
A｛鬆餅粉…50g
　蛋液…1／2 顆
　蔬菜汁…3 大匙｝
鯷仔魚…5g（1／2 大匙）

作法
1. 將鯷仔魚浸泡於 1／2 杯熱水，泡 5 分鐘左右瀝乾水分。
2. 將 A 倒入碗中均勻混合攪拌。分別倒入 3 個矽膠蛋糕模中，將鯷仔魚分成 3 分鋪於上方。
3. 在平底鍋中倒入約 1～2cm 高的水，放入耐熱容器，開火加熱，等到產生蒸氣後再將步驟 ② 並排於耐熱容器中，蓋上鍋蓋蒸 10 分鐘即完成。

用手拿著吃

118　　能量來源　　維生素、礦物質來源　　蛋白質來源

親子一起享用！
親子分食食譜

大口享用期 點心

水果佐卡士達醬
用微波爐就能輕鬆做出美味點心

食材
大人1人分＋寶寶1人分
A ┃ 蛋黃…1顆
　 ┃ 牛奶…1／2杯
　 ┃ 麵粉…1大匙
　 ┃ 砂糖…1大匙
喜歡的水果…適量

作法
1. 將 A 倒入耐熱容器中，使用打蛋器均勻混合攪拌。無需覆蓋保鮮膜，直接放進微波爐加熱1分鐘，取出後再次混合攪拌，接著再繼續加熱30秒，取出後均勻混合攪拌。
2. 將30g水果切成容易入口的大小，盛入容器中，取1大匙步驟①置於水果旁即完成（剩下的卡士達醬可以給大人食用）。

番茄柳橙寒天凍
炎熱酷暑就吃冰涼滑溜容易入口的果凍

食材
A ┃ 番茄汁（無添加食鹽）…1／4杯
　 ┃ 柳橙汁（100％純果汁）…1／2杯
　 ┃ 砂糖…1／2大匙
寒天粉…1／2小匙

作法
1. 將1／2杯水、寒天粉倒入鍋中，開火煮滾，讓寒天粉融化，再用小火繼續煮1分鐘左右。
2. 將 A 倒入鍋中，均勻混合攪拌後關火，倒入沾濕的調理盤中。靜置放涼後，放進冰箱冷藏1小時以上，讓果凍凝固，再用模具壓成寶寶喜歡的形狀。

燕麥麵包
鐵質豐富的簡易手做麵包

食材（2次分）
燕麥片…30g（1／2杯）
牛奶…1／4杯

作法
1. 將燕麥片倒入耐熱容器中，加入牛奶稍微攪拌一下。
2. 輕輕覆蓋保鮮膜，放進微波爐加熱1分50秒後，繼續在微波爐裡靜置5分鐘用餘溫蒸熟。放涼後切成容易入口的大小即完成。

餅乾＆葡萄乾沾醬
市售餅乾搭配手做沾醬

食材
含鐵餅乾（市售）…5片
原味優格…40g（比3大匙略少）
葡萄乾…2～3顆

作法
1. 使用咖啡濾紙或廚房紙巾，瀝除優格的水分，讓優格的分量減少一半以上。
2. 將葡萄乾浸泡於熱水5分鐘左右，瀝乾水分後仔細切碎，加入步驟①混合攪拌。
3. 在餅乾旁擺上步驟②，讓寶寶用餅乾沾著吃。

※ 微波時間可能會依照微波爐機種與食材含水量而有所不同，請視情況調整。
※ 除微波外，也可將食材放入電鍋中，以外鍋1杯水蒸熟。

這種時候該怎麼辦呢？

副食品的疑難雜症！解決之道 Q&A

進入副食品這個階段後，許多爸爸媽媽都會遇到瓶頸。
現在就由嬰幼兒營養權威——上田玲子老師，親自為大家解惑。

Q 蔬菜皮要削除到什麼時候呢？

A 會黏在喉嚨的番茄皮直到 2 歲半～3 歲前都須去除

由於番茄皮即使加熱後也不會變軟，可能會黏在寶寶的喉嚨裡，因此在寶寶長出後排牙齒前，都必須去除番茄皮。至於南瓜皮，等到寶寶過了 1 歲後就可以不必削了。而茄子只要煮得夠軟，就算寶寶還未滿 1 歲也可以不用去皮。

Q 若寶寶正在睡覺也必須叫醒寶寶起來吃副食品嗎？
（9 個月大）

A 等寶寶醒來後再吃下一餐可以晚一點吃

常會有寶寶因為睡覺的緣故錯過了吃副食品的時間。萬一寶寶睡著了，就等寶寶醒來後再餵，只要記得距離下一頓副食品要間隔四小時就可以了。不過，若是每次到了該吃副食品的時間寶寶都在睡覺的話，就必須重新規劃吃副食品的時間了。

Q 寶寶的便便變得又硬又小顆
（7 個月大）

A 讓寶寶多補充水分及膳食纖維

當寶寶開始一天吃上兩次副食品後，攝取母乳或配方奶的量就會減少，很容易使水分攝取不足、引起便秘的情形。此時，不妨給寶寶喝白開水或麥茶等補充水分。此外，也建議在副食品中多採用含有好菌的優格，還有富含膳食纖維的水果、蔬菜及根莖類。

Q 清淡調味要持續到什麼時候呢？

A 幼兒（滿 5 歲前）餐點的調味要控制在大人餐點的一半以下

一旦習慣吃重口味，就會很難再接受清淡的飲食口味。而且，才剛開始停止喝奶，就攝取過多鹽分的話，也會對腸胃造成負荷，因此須多留意給寶寶吃的食物要盡量清淡一些。直到 5 歲之前，調味都要控制在大人餐點的一半以下會比較理想。

Q 因為要等爸爸回家副食品都等到晚上 9 點才吃
（1 歲大）

A 晚餐要在 6 點左右建立良好的生活步調

由於希望寶寶可以盡量在晚上 9 點就寢，因此晚餐時間訂在 6 點左右會比較合適。就算是因為午睡、或出去玩導致午餐比較晚吃，也要盡量在晚餐時間給寶寶吃一點輕食，維持固定的晚餐及睡眠時間。

Q
寶寶吃副食品的進度不如預期
（8個月大）

A
**沒關係
配合寶寶的步調就好**

寶寶不可能因為「已經到了○○○○期」就能瞬間長大。請仔細觀察寶寶用餐時的情形，要是似乎咬得動、就可以調整得硬一些；感覺還咬不動、就再烹調得軟一些。就像是走在崎嶇不平的道路上一樣，請隨著寶寶的發展亦步亦趨地前進。

Q
寶寶似乎不喜歡吃葉菜類及肉類
（1歲5個月大）

A
隨著寶寶的咀嚼能力進步就會漸漸可以吃了

在後排牙齒長出來之前，光憑牙齦的力量很難咬碎葉菜類及肉類。葉菜類可以用蒸煮的方式烹調、肉類則要切絲再撒上太白粉，花點心思讓寶寶容易食用。

Q
當寶寶離開餐椅時需要去追寶寶餵副食品嗎？
（11個月大）

A
不需要追著寶寶跑餵食副食品

寶寶可能會誤以為爸爸媽媽是在跟他玩，所以不需要追著寶寶餵副食品。必須有耐心地告訴寶寶「要吃唷～」，等到寶寶回來餐椅時再餵，經過20～30分鐘後就該結束用餐時間。當寶寶開始去托兒所或幼兒園後，就可以好好坐下來吃飯了。

副食品的疑難雜症！解決之道 Q&A

Q
寶寶還沒長出牙齒可以餵副食品嗎？
（10個月大）

A
因為寶寶是用牙齦咬、而非牙齒可以餵副食品沒問題

每個人長牙的時期差異甚大，再加上至少要到2歲半～3歲左右後排牙齒才會長齊，寶寶並不是用牙齒來咬副食品，而是以舌頭、牙齦將副食品磨碎後才吞下肚。請觀察寶寶用餐時的情形，從香蕉的軟度一路進展到肉丸子的硬度，慢慢調整增加副食品的硬度。

Q
寶寶總是用手把食物玩得亂七八糟不肯吃
（1歲1個月大）

A
寶寶的專注力頂多只有10～15分鐘！

玩食物可說是好奇心與食慾的具體表現，不妨在某種程度上讓寶寶盡情探索。不過，寶寶的專注力頂多只有10～15分鐘，若寶寶真的開始認真玩起食物，就算是吃到一半也該結束用餐。

使用於副食品的食材
到了哪個階段才能吃？
食材一覽表

什麼階段可以吃？用 ●▲✕ 來確認！

由於寶寶的咀嚼能力及消化功能都尚未成熟，請參考這分食材一覽表，確認適合給予的時期。此外，也可以在這裡記錄「寶寶第一次嘗試的日期」！

	食材	第一次吃的日期	咕嚕咕嚕期	小口吞嚥期	練習咀嚼期	大口享用期	特色、製作方式等
能量來源食品								
米	白飯	/	●	●	●	●	容易消化吸收、最不會對腸胃造成負荷，最適合作為副食品的主食。
麵包類	吐司	/		●	●	●	考量到寶寶可能會對小麥過敏，6個月大嘗試過烏龍麵後可以食用。請選擇最單純的吐司。
	餐包	/			●	●	脂質含量是吐司的兩倍以上，應少量食用。添加人造奶油的餐包，不可作為副食品 ✕。
麵類	烏龍麵	/		●	●	●	寶寶初次嘗試的小麥製品。6個月大後可以從1湯匙開始嘗試。記得要煮軟。
	麵線、冷麵	/		✕	●	●	含鹽量意外地高，一定要先用沸水煮熟去除鹽分，不可以直接放進湯裡煮。
	義大利麵、通心粉	/		✕	●	●	比烏龍麵更有嚼勁，建議在練習咀嚼期後，寶寶可以用牙齦磨碎食物時再嘗試。
	米粉	/		✕	●	●	原料為米。小口吞嚥期後期即可嘗試，但因為米粉具有彈性，必須煮軟一點。
	拉麵	/		✕	✕	✕	▲	拉麵不易消化，建議1歲以後嘗試。可以做成炒麵，變換出新菜色。
根莖類	馬鈴薯	/	●	●	●	●	在初期、中期就可以將根莖類作為主食。含有豐富的維生素C，即使加熱也不容易受到破壞。
	地瓜	/	●	●	●	●	具有甜味的地瓜，很受寶寶歡迎。容易做成泥狀，咕嚕咕嚕期就可以吃，相當方便。
	芋頭	/		✕	●	●	雖然能加熱得很軟，但容易讓寶寶嘴邊發炎，建議從小口吞嚥期再開始嘗試。
穀片類	玉米片	/		✕	●	●	請選擇無加糖的原味玉米片。糙米片要等到練習咀嚼期後才可以少量嘗試▲。
	燕麥片	/		▲	●	●	原料為搗碎的燕麥。含有豐富的鐵質與膳食纖維，營養價值高。建議從小口吞嚥期開始嘗試。
	鬆餅	/		✕	●	▲	●	製作起來很方便，但含有糖分，不可以給寶寶吃太多。可將寶寶不喜歡的蔬菜混入鬆餅裡。
維生素、礦物質來源食品								
蔬菜	胡蘿蔔	/	●	●	●	●	含有豐富的β-胡蘿蔔素，可以搗碎或磨碎，從咕嚕咕嚕期就能經常派上用場。
	南瓜	/	●	●	●	●	柔軟香甜、營養價值高，非常適合用來製作副食品。用微波爐就能輕鬆加熱。
	番茄	/	●	●	●	●	加熱後會變得很甜，可當作增添鮮味的食材，放入湯裡或與其它食材一起燉煮。
	青花菜	/	●	●	●	●	含有大量的β-胡蘿蔔素與維生素C。在小口吞嚥期前只能使用前端的花蕾部位。
	菠菜	/	●	●	●	●	含有豐富的鐵質與鈣質。很多孩子都不喜歡吃到纖維，必須多花心思將菠菜切碎、增添濃稠感。
	小松菜	/	●	●	●	●	跟菠菜一樣營養豐富，但莖比較硬，必須煮軟。
	青江菜	/	●	●	●	●	沒有異味，適用於製作副食品。適合做成中式炒菜或湯品。
	高麗菜	/	●	●	●	●	雖然大人可以生吃，但由於纖維較多，做成副食品時必須加熱煮軟。
	白菜	/	●	●	●	●	與高麗菜一樣需要加熱煮軟後磨碎，隨著寶寶的成長，可漸漸改成切碎。
	洋蔥	/	●	●	●	●	長時間加熱後會變得很甜，從咕嚕咕嚕期就可以嘗試。尤其是新洋蔥的口感特別軟嫩。

122

以 ●▲✕ 代表是否適合該時期食用
● 烹調成適合寶寶食用的軟度及狀態，就可以適量提供
▲ 必須「觀察寶寶實際吃副食品的情形、只給少量」，有條件地提供
✕ 含有大量鹽分與脂肪，或纖維較多，不適合寶寶食用

在這裡記錄寶寶第一次嘗試的日期吧！

食材	第一次吃的日期	咕嚕咕嚕期	小口吞嚥期	練習咀嚼期	大口享用期	特色、製作方式等
維生素、礦物質來源食品						
蔬菜 大蔥	/	▲	●	●	●	辛辣成分經過加熱後會變甜。如果要磨碎，建議使用較軟嫩的內側部位。
韭菜、青蔥	/	▲	▲	●	●	具有獨特的香氣，到了練習咀嚼期後，可以加入炒菜或燉煮料理中增添風味。
白蘿蔔	/	●	●	●	●	前端比較辣，建議使用中段部位比較適合製作副食品。請煮軟一點。
蕪菁	/	●	●	●	●	表皮內側1～2cm處還會比較硬，削皮時要削厚一些。蕪菁很快就能煮熟，烹調相當方便。
茄子	/	●	●	●	●	削除硬皮後，用沸水煮軟。與油脂是絕佳拍檔，非常適合用來炒菜。
小黃瓜	/	●	●	●	●	由於表皮略有苦味，一開始要去皮會比較容易下嚥。到後期也可以連皮吃。
彩椒、青椒	/	●	●	●	●	彩椒帶有甜味，很受寶寶歡迎。青椒則建議等到練習咀嚼期，切碎後再烹調為佳。
秋葵	/	▲	●	●	●	去除種籽後，加熱煮軟。切碎後會產生黏性，黏黏稠稠的口感是寶寶的最愛。
豆芽菜	/	▲	▲	●	●	去除根鬚後燙熟，切成容易入口的大小。富含膳食纖維，能解決便祕問題。
萵苣	/	▲	●	●	●	建議等幼兒期之後再給寶寶嘗試沙拉等生食。副食品的階段還是要煮熟、炒熟，完全加熱後再給寶寶食用。
黃麻菜	/	●	●	●	●	將嫩葉部位燙熟後切碎，會產生黏性，適合寶寶食用。營養價值也非常優異。
綠蘆筍	/	▲	▲	●	●	用削皮器削除較硬的外皮，直到小口吞嚥期都要切碎後再給寶寶食用。
蠶豆	/	●	●	●	●	用沸水煮軟後，剝除薄皮再做烹調。由於很容易搗碎，咕嚕咕嚕期就可以食用。
菜豆	/	✕	▲	●	●	由於纖維較多，不容易煮得軟爛。建議煮軟後切碎，到了小口吞嚥期再嘗試。
菇類	/	✕	▲	●	●	富含能幫助鈣質吸收的維生素D。建議切碎，到了小口吞嚥期再嘗試。
蔬菜加工品 番茄罐頭	/	●	●	●	●	水煮番茄罐頭要選擇無添加食鹽的原味，跟番茄一樣，從咕嚕咕嚕期就可以開始嘗試。
純番茄汁、番茄糊	/	●	●	●	●	無添加食鹽的水煮番茄產品可當作蔬菜使用於副食品中。可自行調整用量。
番茄汁（無添加食鹽）	/	▲	▲	▲	●	請選擇原料為100%番茄、無添加食鹽的番茄汁。想要增添番茄風味時非常方便。
玉米罐頭	/	✕	✕	●	●	等到練習咀嚼期再嘗試。請剝除較硬又難消化的薄皮，再進行烹調。
奶油玉米罐頭	/	●	●	●	●	為了去除薄皮，咕嚕咕嚕期需要先過篩再使用。到了小口吞嚥期若還是不習慣吃薄皮，也可以再繼續過篩。
水果 香蕉	/	●	●	●	●	香甜又容易搗爛，具有黏稠感。可靈活運用成為咕嚕咕嚕期的主食。
蘋果、草莓、蜜柑、水蜜桃、葡萄等	/	●	●	●	●	從咕嚕咕嚕期開始，幾乎所有的水果都可以吃。若擔心過敏，可先加熱後再給寶寶食用。
酪梨	/	✕	▲	▲	●	含有豐富的脂質，營養價值高，但要等到消化功能發展完全後、約1歲左右再少量給予。
水果乾	/	✕	✕	▲	▲	葡萄乾、李子乾含有豐富的鐵質，但糖分也很多。可先用熱水洗過後，再少量切碎給寶寶食用。
海藻 青海苔粉	/	●	●	●	●	如果海苔粉還是比較大片，請切碎沾濕後再給咕嚕咕嚕期後期以後的寶寶食用。配粥吃非常方便。
烤海苔片	/	▲	●	●	●	務必要撕碎並沾濕後再給寶寶食用，免得黏在喉嚨裡。可補充維生素與礦物質。
羊栖菜	/	▲	●	●	●	市售的水煮羊栖菜口感比較柔軟。若使用乾燥羊栖菜，請先泡水還原、或用沸水煮軟。
海帶芽	/	✕	▲	●	●	若是鹽漬海帶芽，請先去除鹽分，乾燥海帶芽要泡水還原，直到大口享用期之間，都要仔細切碎後再烹調。
昆布絲	/	✕	▲	●	●	仔細剝散後，可將少量昆布絲拌入粥裡，或加入湯品之中，增添鮮味。
洋菜寒天	/	✕	▲	●	●	原料為海藻，可當作副食品食用。請先洗淨帶有酸味的液體，再仔細切碎，讓寶寶更容易食用。

使用於副食品的食材 到了哪個階段才能吃？食材一覽表

123

食 材		第一次吃的日期	咕嚕咕嚕期	小口吞嚥期	練習咀嚼期	大口享用期	特色、製作方式等
蛋白質來源食品							
黃豆製品、乾貨	豆腐	/	●	●	●	●	富含蛋白質，利於消化吸收，從咕嚕咕嚕期開始就可以作為蛋白質來源食品給寶寶食用。
	豆漿	/	●	●	●	●	無糖的純豆漿，咕嚕咕嚕期就可以開始嘗試。與豆腐一樣，可以與蔬菜或粥品混合一起食用。
	納豆	/	✕	●	●	●	比黃豆的營養價值更高。容易消化，一開始要仔細切碎再加熱。
	水煮黃豆	/	✕	✕	●	●	從練習咀嚼期開始就可以嘗試。請先去除不容易消化的薄皮，將黃豆切碎或磨成泥。
	油豆腐、炸豆皮	/	✕	✕	▲	▲	就算泡水去油，油分還是很多，而且不容易咬碎，不需要特別使用於副食品。
	黃豆粉	/	●	●	●	●	雖然易於消化吸收，但粉狀食材很可能會吸入氣管，務必要沾濕後再給寶寶食用。
	高野豆腐	/	✕	▲	●	●	凝聚了豆腐的營養，分量可以稍微少一點。也可以磨碎後再使用於副食品。
	麥麩	/	✕	▲	●	●	將小麥蛋白質——麥麩烘烤後製成。寶寶嘗試過烏龍麵、麵包後可以嘗試麥麩。
蛋	蛋黃	/	✕	●	●	●	到了咕嚕咕嚕期後期，寶寶習慣吃豆腐及白肉魚後，可以從1湯匙開始謹慎嘗試全熟水煮蛋的蛋黃。
	蛋白、全蛋	/	✕	▲	●	●	到了咕嚕咕嚕期後期，等到寶寶習慣吃蛋黃後，再從1湯匙開始嘗試蛋白。
	溫泉蛋、半熟蛋	/	✕	✕	✕	●	由於生蛋很容易引發過敏，直到1歲之前都必須確實加熱，吃全熟的蛋才行。
	鵪鶉蛋	/	✕	▲	●	●	鵪鶉蛋全蛋跟雞蛋一樣，從咕嚕咕嚕期後期可以開始嘗試。可以做成水煮蛋或水波蛋。
乳製品	原味優格	/	✕	●	●	●	請選擇無糖的原味優格。不僅利於消化吸收，口感也很滑順，可加入寶寶不喜歡的食材，混合攪拌後再給寶寶食用。
	鮮奶油（乳脂肪）	/	✕	▲	●	●	小口吞嚥期一次最多嘗試1小匙。使用植物性油脂製成的鮮奶油或奶精等，不可以給寶寶食用。
	牛奶	/	✕	●	●	●	可運用於奶香燉菜、牛奶風味的料理。1歲之後可以開始給寶寶喝牛奶。
	茅屋起司	/	✕	●	●	●	富含蛋白質，脂肪與鹽分含量較少，沒有異味，最適合用來製作副食品。
	起司片、披薩用起司絲	/	✕	●	●	●	雖然屬於優質的蛋白質來源食品，但脂肪與鹽分含量高，千萬要留意不可以使用過多。
	起司粉	/	✕	●	●	●	跟其它的起司相比，起司粉的脂肪、鹽分含量較高，只要在最後步驟稍微撒一點點即可。
海鮮	鯛魚	/	●	●	●	●	脂肪較少、肉質柔軟，利於消化吸收，可說是最適合從咕嚕咕嚕期開始嘗試的魚類。
	比目魚、鰈魚	/	●	●	●	●	跟鯛魚一樣屬於富含蛋白質、脂肪較少的白肉魚。肉質相當柔軟，適合用來製作副食品。
	白北魚（白腹魚）	/	✕	●	●	●	肉質柔軟、沒有異味。等到寶寶習慣吃鯛魚、比目魚、鰈魚後，再讓寶寶少量嘗試。
	鱈魚	/	✕	▲	●	●	要選擇新鮮鱈魚。可以趁大人的火鍋尚未調味前分給寶寶食用，相當方便。
	鮭魚	/	✕	●	●	●	雖然屬於白肉魚，但由於脂肪較多，建議從小口吞嚥期開始嘗試。請選擇新鮮鮭魚。
	鮪魚、鰹魚	/	✕	●	●	●	鐵質含量都相當豐富。鮪魚要選擇瘦肉部位、鰹魚要選擇油脂較少的背側肉。
	旗魚	/	✕	●	●	●	高蛋白質、低脂肪，非常適合用來製作副食品。建議使用旗魚切片，烹調起來比較輕鬆。
	竹筴魚、沙丁魚、秋刀魚	/	✕	✕	●	●	青背魚富含DHA、EPA，能幫助大腦運作。不過魚刺比較多，要多留意剔除魚刺。
	鰤魚	/	✕	✕	▲	●	富含油脂的「冬季鰤魚」可利用水煮或燒烤方式去除多餘油脂，再給寶寶食用。
	鯖魚	/	✕	✕	▲	●	富含脂肪，很容易變得不新鮮。請趁新鮮時烹調，謹慎地給寶寶食用少許後，再慢慢增加分量。
	干貝	/	✕	▲	●	●	含有豐富的蛋白質、鐵質與鋅等礦物質。只要加熱烹調，從咕嚕咕嚕期就可以開始嘗試。
	牡蠣	/	✕	✕	●	●	擁有「大海中的牛奶」美譽，富含營養成分。只要徹底加熱，從練習咀嚼期就可以嘗試。
	海瓜子、蛤蜊	/	✕	✕	●	●	富含鐵質等造血成分。加熱後可做成味噌湯或西式湯品。請先仔細切碎再給寶寶食用。

食　材	第一次吃的日期	咕嚕咕嚕期	小口吞嚥期	練習咀嚼期	大口享用期	特色、製作方式等
蛋白質來源食品						
海鮮加工品 — 魩仔魚	/	●	●	●	●	從頭到尾都可以吃，為寶寶補充滿滿的鈣質。由於含鹽量較高，烹調前請先浸泡熱水去除多餘鹽分。
鰹魚片	/	▲	●	●	●	可用來製作高湯，為副食品增添鮮味。也可以用手指捏碎後加入副食品中，混合攪拌直接吃。
水煮鮪魚罐頭	/	✗	●	●	●	使用於副食品時，請選擇無添加食鹽的水煮或高湯鮪魚罐頭。若是油漬鮪魚罐頭，請先瀝除油分再使用。
水煮鮭魚罐頭	/	✗	▲	▲	●	就算是水煮鮭魚罐頭，鹽分還是出乎意料地多，注意不要給寶寶吃太多。若有魚刺或魚皮，請先剔除。
水煮鯖魚罐頭	/	✗	✗	▲	●	雖然比生鯖魚不易受損腐壞，但跟其它罐頭一樣含鹽量較高，請選擇無添加食鹽的水煮鯖魚罐頭。
鹽漬鮭魚	/	✗	✗	▲	▲	請選擇甜味的鹽漬鮭魚，浸泡於水中去除多餘鹽分。鮭魚香鬆請等到1歲過後再給寶寶食用。
竹筴魚片	/	✗	✗	✗	▲	含鹽量較高，建議將片以燒烤的方式烹調。如果要給寶寶吃，請先去除多餘鹽分，給少量就好。
鱈寶	/	✗	✗	✗	▲	擁有柔軟無比的口感，含有蛋白，含鹽量也比較多。爾偶給少量就好。
魚肉香腸	/	✗	✗	✗	▲	比魚板更軟、容易吞嚥，但含鹽量較高。請選擇無著色、無添加物的魚肉香腸。
蟹味棒	/	✗	✗	▲	▲	口感柔軟、色彩鮮豔，很受寶寶歡迎，但由於含有鹽分及添加物，偶爾給少量就好。
肉類 — 雞柳	/	✗	●	●	●	脂肪含量低、易於消化吸收，對腸胃負荷較小，最適合初次嘗試肉類時使用。
雞胸	/	✗	▲	●	●	雖然脂肪含量比雞柳略多，但仍屬於脂肪量較少的部位。等寶寶習慣吃雞柳後就可以開始嘗試。要記得去皮。
雞腿	/	✗	▲	●	●	請先去除雞皮及多餘脂肪，挑選柔軟的部位給寶寶食用。從小口吞嚥期後期開始，習慣吃雞腿後就可以嘗試。
雞絞肉	/	✗	▲	●	●	若有去皮雞胸或雞柳的絞肉，就可以跟雞柳及雞胸以同樣的方式使用於副食品。
牛瘦肉、牛瘦絞肉	/	✗	✗	●	●	等寶寶習慣吃雞肉後，到了練習咀嚼期以後就可以開始嘗試。請選擇脂肪含量較少的瘦肉部位。
豬瘦肉、豬瘦絞肉	/	✗	✗	●	●	到了練習咀嚼期之後，寶寶習慣吃雞肉及牛肉後就可以開始吃豬肉。請選擇脂肪較少的瘦肉部位。
牛豬混合絞肉	/	✗	✗	▲	●	等到寶寶習慣吃牛肉及豬肉後就可以開始嘗試。請避免購買白色脂肪較多的絞肉，以紅色瘦肉為主。
肉類加工品 — 肝臟	/	✗	✗	●	●	雞肝、牛肝、豬肝都沒問題。為了補充鐵質，從練習咀嚼期就可以開始挑戰。
火腿	/	✗	✗	✗	▲	等到寶寶習慣吃豬肉後，可選擇添加物較少的火腿。由於鹽分含量高，偶爾給少量就好。
培根、香腸	/	✗	✗	✗	▲	鹽分、脂肪含量都很高，少量使用稍微提味即可。請盡量選擇無添加的產品。

使用於副食品的食材　到了哪個階段才能吃？ 食材一覽表

125

✕ 不可以吃的 ▲ 要小心給的 食材

有些食材雖然大人可以吃，但由於寶寶的免疫力及消化系統尚未發展成熟，
對細菌的抵抗力較弱，需要特別留意。請仔細確認下列食材，避免不小心給寶寶食用。

可能引發食物中毒

生蛋
嚴禁生食！
必須徹底加熱

生蛋中的蛋白質不僅很容易引起食物過敏，也很可能因為細菌的污染而導致食物中毒。此外，沒有煮到全熟的半熟蛋及溫泉蛋，在1歲之後才能給寶寶嘗試。

生魚片
可能會因細菌及寄生蟲引起食物中毒

爸媽可能會因為生魚片既新鮮又軟嫩，很想讓寶寶嘗試看看，但生魚片是絕對不能給寶寶吃的食材之一。寶寶可能會因為生魚片中的細菌及寄生蟲引起食物中毒。含有生魚的壽司及沙拉也不可以給寶寶吃。

可怕的肉毒桿菌

蜂蜜
曾發生過嬰幼兒的死亡案例，須特別注意

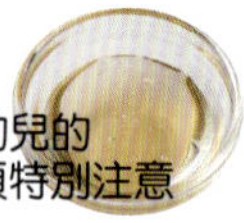

蜂蜜之中可能混入肉毒桿菌，對於腸道環境尚未發育完全的嬰幼兒而言非常危險，絕對不可以給寶寶吃蜂蜜。含有蜂蜜的零食點心等當然也不可以。不過蜂蜜對於母乳並沒有影響，媽媽可以放心食用。

黑糖
未滿1歲前不可以給黑糖

由於黑糖與蜂蜜的製作過程相同，也可能含有肉毒桿菌，必須避免給寶寶食用。寡糖及楓糖可以在寶寶滿6個月左右少量給予。

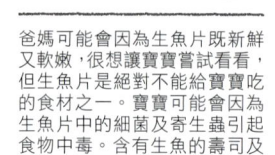

可能引發食物過敏
※關於蛋、小麥、牛奶請參考p.15

芝麻
過敏機率低，但也有重症化的案例

偶爾會有嬰幼兒吃到微量芝麻而導致食物過敏重症化。雖然芝麻的營養價值高，爸媽會很想讓寶寶嘗試，但芝麻粒、芝麻粉都有可能吸入氣管讓寶寶嗆到，使用於副食品中須特別小心。

蕎麥麵
容易引起嚴重的食物過敏必須謹慎給予

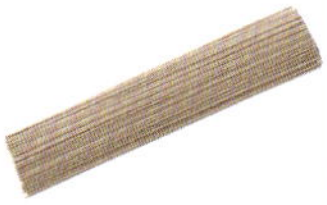

一旦寶寶對蕎麥麵出現食物過敏的症狀，就很容易演變為重症，若要使用於副食品，務必等到練習咀嚼期之後再給。一開始先給極少量，觀察寶寶的皮膚及糞便情況，再謹慎給予。

可能會吸入氣管，非常危險

堅果類
寶寶無法咬碎，不可以給寶寶吃堅果

堅果類及炒過的豆類等都很堅硬，屬於寶寶無法咬碎的小顆食品，經常發生吸入氣管的意外。請將堅果放置在寶寶不易拿取的地方，等到4歲之後再由大人的照看下給予。

可能會卡在喉嚨裡，非常危險

麻糬、蒟蒻、糖果、起司糖等
不可以給寶寶吃無法咬碎的食材

嬰幼兒經常發生食物卡在喉嚨裡導致窒息的意外。麻糬很容易卡在喉嚨裡，寶寶滿2歲之前請不要給寶寶吃麻糬。此外，容易滑進喉嚨裡的蒟蒻、蒟蒻果凍、糖果、起司糖、整顆的圓形小番茄等，也都需要特別留意。

鮭魚卵
魚卵最容易引發過敏

鮭魚卵屬於生食，嚴禁使用於副食品。就算到了1歲之後，魚卵也是引發食物過敏的前幾大原因。鮭魚卵是最容易引發食物過敏的魚卵，鱈魚卵及鯡魚卵偶爾也會引發過敏。

鱈魚卵
必須徹底加熱從極少量開始給

鱈魚卵的含鹽量非常高，並不適合寶寶食用。就算只有一點點，也不可以給寶寶吃生的鱈魚卵。必須徹底加熱，等到寶寶滿1歲後才能給予極少量，為飲食增添風味。

堅硬難以咬碎的食物

魚板、竹輪、烏賊、章魚、貝果等
等到寶寶後排牙齒長齊後再給

寶寶要到2歲半～3歲左右，後排牙齒才會長齊。在這之前，請不要給寶寶吃具有彈性且無法咬碎的魚板、竹輪等食材，而有些太硬的麵包，例如貝果等也不要給寶寶食用。此外，烏賊、章魚等食材則必須多花點心思，仔細拍打切碎後徹底煮軟，等到練習咀嚼期後再給寶寶嘗試。

蝦、螃蟹
引發甲殼類過敏的代表食材

到了學童期，對甲殼類過敏的情況會越來越多。由於蝦子的蛋白質（主要過敏來源）與螃蟹極為相似，若吃到蝦子會過敏，有一半以上的機率也會對螃蟹過敏。如果要給寶寶嘗試，請等到1歲以後，烹調成寶寶容易食用的型態，仔細觀察寶寶的反應再謹慎給予。

便利商店食品&速食的 ●▲✕

到了比較忙碌的時刻，或外出時想要簡單解決三餐時，便利商店及速食店都是很方便的選擇。不過，這些食品都含有非常多鹽分、油脂及添加物，千萬不能給寶寶吃太多。只分少量給寶寶就好。

飯糰

咕嚕咕嚕期	✕
小口吞嚥期	▲
練習咀嚼期	▲
大口享用期	●

將飯糰泡熱水洗去鹽分

請選擇梅乾飯糰或昆布飯糰等容易將食材分開的飯糰，只取用白飯的部分浸泡熱水，洗去多餘鹽分後再給寶寶食用。如果是整顆飯糰都滲透調味的五目飯糰則禁止給寶寶食用。

拆開飯糰包裝後，剝開海苔，取出裡面的食材。

就算是沒有沾到食材的白飯，也含有非常多的鹽分。請將白飯浸泡熱水、洗去多餘鹽分後再給寶寶食用。

包子

咕嚕咕嚕期	✕
小口吞嚥期	✕
練習咀嚼期	▲
大口享用期	●

只給寶寶吃撕碎的包子皮

市面上有許多種類的包子，無論是哪一種包子，基本上內餡的含鹽量都過高，且含有過多脂肪，並不適合寶寶食用。如果要分給寶寶，只能給寶寶吃外側的包子皮。

將包子放涼後，將包子皮撕成小片給寶寶食用。也可以浸泡於牛奶或配方奶當中。

漢堡

整個漢堡

咕嚕咕嚕期	✕
小口吞嚥期	✕
練習咀嚼期	▲
大口享用期	●

1/11個

當成點心少量給予

到了副食品後期，一次的餐點中使用的調味料只能用指尖沾取一點點的鹽而已。到了大口享用期，漢堡最多只能吃上圖的分量。未滿1歲前請避免給寶寶吃漢堡內餡，只能吃麵包的部分。

關東煮

咕嚕咕嚕期	✕
小口吞嚥期	▲
練習咀嚼期	▲
大口享用期	▲

請選擇沒有沾染太多調味的水煮蛋等

大部分關東煮的食材都吸附了許多重口味的高湯，對寶寶而言含鹽量過高，基本上不可以給寶寶吃。請挑選沒有沾染太多調味的水煮蛋蛋黃給寶寶食用。

馬鈴薯沙拉

大人享用就好

屬於重口味食品，不可以分給寶寶食用

外面販售的馬鈴薯沙拉大多都加入了許多胡椒與調味料，口味比較重，並不適合寶寶食用。

炸薯條

咕嚕咕嚕期	✕
小口吞嚥期	✕
練習咀嚼期	●
大口享用期	●

總量 → 1/5量 1/4量

去除鹽分，適可而止

薯條很容易用手拿取，寶寶也會吃得很開心，但由於屬於油炸食品，熱量非常高。而且薯條的含鹽量過高，請適量分食，將表面的鹽巴拍除之後再給寶寶食用。

三明治

未滿1歲前只能給外側的吐司

咕嚕咕嚕期	✕
小口吞嚥期	▲
練習咀嚼期	▲
大口享用期	●

基本上只能給寶寶吃三明治外側沒有沾染到餡料味道的吐司麵包，浸泡於牛奶或配方奶中再給寶寶食用。三明治內的餡料要等到1歲過後才可以吃，不過，比起蛋或雞肉等重口味三明治，建議選擇較清淡的蔬菜三明治。

羊栖菜五目煮

咕嚕咕嚕期	✕
小口吞嚥期	✕
練習咀嚼期	▲
大口享用期	●

可以拌在粥裡稀釋調味

由於羊栖菜五目煮屬於重口味料理，不可以直接給寶寶食用。可以取少量加入粥裡混合攪拌，或用熱水浸泡去除多餘調味，務必要稀釋調味後再給寶寶食用。

若不進行任何處理，直接吃對寶寶而言會太硬，可浸泡於熱水、或用微波爐加熱，讓羊栖菜變軟嫩。

如果手邊有粥，可以取少量混入粥裡一起食用。

炒麵

大人享用就好

重口味的炒麵應避免給寶寶食用

由於炒麵整體都附著了濃郁的醬料，就算用熱水浸泡也無法去除調味。最少要等到3歲之後才能分食。

飲料、湯品等

可樂 ✕　　奶昔 ✕　　玉米濃湯 ▲

碳酸飲料、太甜的飲料都禁止給寶寶喝

刺激性較強的碳酸飲料、糖分較高的果汁類都禁止給寶寶喝。如果非喝不可，請將100%純果汁放涼後再稀釋；湯品也要稀釋後再給寶寶喝。

不可以吃的食材、要小心給的食材 / 便利商店食品&速食的 ●▲✕

副食品中的調味料＆油脂

●▲✗

由於寶寶的身體尚未發育完全，還無法順利排出鹽分、消化脂肪，因此調味料及油脂都會對寶寶造成負擔。給寶寶的副食品要從「完全無調味」開始，到了後期也要盡量維持極清淡的調味。

調味料的標準用量

雖然對人類的身體而言，鹽分扮演著非常重要的角色，但若沒有大量流汗，或嚴重腹瀉，身體幾乎不太可能會缺乏鹽分。反之，寶寶的腎臟功能只有大人的一半，千萬不可以攝取過多鹽分。

咕嚕咕嚕期 5〜6個月
✗ 副食品中不能添加調味料

小口吞嚥期以後 7個月大〜
砂糖、鹽、醬油、味噌、醋、都OK
每種都是極少的分量

1歲過後
控制在大人的 1／2〜1／3 調味料用量

砂糖
盡量讓寶寶品嚐食材原有的甜味

製作副食品時，請盡量發揮食材原有的甜味。就算要使用調味料，也要等到咕嚕咕嚕期後期才能添加極少的分量。蔗糖、三溫糖等也都一樣。

咕嚕咕嚕期	▲
小口吞嚥期	●
練習咀嚼期	●
大口享用期	●

鹽
麵包與麵條中也含有鹽分 必須多加留意

從小口吞嚥期開始，可以在副食品中添加以手指稍微沾取的極少量鹽分。不過，由於麵包、麵條等大多數食品中都含有鹽分，所以原則上請盡量不要另外添加。

咕嚕咕嚕期	✗
小口吞嚥期	▲
練習咀嚼期	▲
大口享用期	▲

醬油
控制在極少量 增添風味即可

小口吞嚥期可添加1／6小匙、練習咀嚼期可添加1／3小匙，到了大口享用期則可添加2／3小匙。只要極少量稍微增添風味即可，不要與鹽同時使用。

咕嚕咕嚕期	✗
小口吞嚥期	▲
練習咀嚼期	▲
大口享用期	▲

味噌
大人的味噌湯可以 分食給寶寶或加水稀釋

用高湯煮過的食材可以分食給寶寶，再加入少量的味噌。此外，到了練習咀嚼期可加入4倍的水稀釋，大口享用期則加入2〜3倍的水稀釋。

咕嚕咕嚕期	✗
小口吞嚥期	▲
練習咀嚼期	▲
大口享用期	▲

醋
運用些許酸味 促進食慾

若是成分單純的醋，從咕嚕咕嚕期後期就可以給寶寶食用。就算寶寶不愛酸味，只要添加極少量增添風味，就能讓食物變得更清爽，也許能促進食慾喔！

咕嚕咕嚕期	▲
小口吞嚥期	●
練習咀嚼期	●
大口享用期	●

酒
加熱後可以用來 消除魚腥味等

只要徹底加熱，讓酒精完全揮發，就可以少量使用於副食品中消除魚腥味。大部分料理酒都含有食鹽，務必要多留意。

咕嚕咕嚕期	✗
小口吞嚥期	▲
練習咀嚼期	▲
大口享用期	●

味醂
含糖量較多 極少量即可

味醂與酒一樣，只要徹底加熱後酒精就會揮發。由於味醂的含糖量較高，用量一定要謹慎控制。添加於燉煮類料理、魚類時，可帶來柔和的滋味。

咕嚕咕嚕期	✗
小口吞嚥期	✗
練習咀嚼期	▲
大口享用期	●

麵味露
選用無添加物的麵味露 稀釋後使用極少量即可

大多數的麵味露都含有添加物，請仔細確認成分，盡量選擇無添加物的優質麵味露。比起大人的調味，副食品必須加入2〜4倍的水稀釋。

咕嚕咕嚕期	✗
小口吞嚥期	▲
練習咀嚼期	▲
大口享用期	●

柑橘醋醬
只要加入幾滴 增添風味即可

由於柑橘醋醬的味道很濃、酸味也很重，在副食品時期不需要刻意使用。到了練習咀嚼期之後，可以加入1滴〜數滴增添風味。

咕嚕咕嚕期	✗
小口吞嚥期	✗
練習咀嚼期	▲
大口享用期	●

副食品中的調味料 & 油脂

味精
含有許多鹽分及化學調味料

由於味精含有非常多鹽分及化學調味料，在副食品階段只能用於高湯之中。如果要將大人的料理分食給寶寶，請加水稀釋。

咕嚕咕嚕期	✗
小口吞嚥期	✗
練習咀嚼期	▲
大口享用期	▲

西式高湯粉
由於味道很重只能稍微分食給寶寶

西式高湯粉中含有鹽分、辛香料及化學調味料。即使是標榜無添加物的高湯粉，基本上也不要使用於副食品，如果要分食給寶寶，請務必加水稀釋。

咕嚕咕嚕期	✗
小口吞嚥期	✗
練習咀嚼期	▲
大口享用期	▲

雞湯粉
請選擇添加物較少的雞湯粉

請選擇鹽分等添加物較少的雞湯粉製作大人的料理，有必要時再分食給寶寶就好。如果是親手製作的雞高湯，請撈除脂肪，等寶寶滿7個月大之後再給寶寶嘗試。

咕嚕咕嚕期	✗
小口吞嚥期	✗
練習咀嚼期	▲
大口享用期	▲

番茄醬
以純番茄汁或番茄糊取代番茄醬

由於番茄醬中含有鹽分，到了練習咀嚼期以後也只能添加不到1／2小匙。建議改用少量以熬煮番茄製成的純番茄汁、番茄糊來取代番茄醬。

咕嚕咕嚕期	✗
小口吞嚥期	✗
練習咀嚼期	●
大口享用期	●

各式醬汁
刺激性強、1歲之前請勿使用

無論是伍斯特醬、中濃醬汁等，都含有許多辛香料及鹽分，1歲之前不要給寶寶食用。滿1歲後也無須刻意使用，一定要用的話請控制在極少量。

咕嚕咕嚕期	✗
小口吞嚥期	✗
練習咀嚼期	✗
大口享用期	▲

美乃滋
滿1歲之前請務必加熱後再給

由於美乃滋中含有生蛋，若要給未滿1歲的寶寶食用，請務必要加熱。美乃滋中幾乎都是油脂、味道也屬於重口味，一定要用的話請控制在極少量。

咕嚕咕嚕期	✗
小口吞嚥期	✗
練習咀嚼期	✗
大口享用期	▲

油脂的標準用量

由於寶寶的消化酵素分泌尚未發展完成，油炸物中使用的油分、肉類及魚類中含有的脂肪一旦過多，就會對身體造成負擔。油脂過多可能會造成寶寶消化不良、嘔吐、腹瀉等情形。副食品中的油脂請務必控制在極少量。

咕嚕咕嚕期 6個月大之後	小口吞嚥期 7～8個月大左右	練習咀嚼期 9～11個月大左右	大口享用期 1歲～1歲6個月大左右
1餐中的1種餐點 1／4小匙	1餐中的1種餐點 1／2小匙	1餐中的1種餐點 3／4小匙	1餐中的1種餐點 1小匙

奶油
奶油屬於乳脂肪容易消化吸收

由於奶油屬於容易消化吸收的乳脂肪，適合作為寶寶初次嘗試的油脂。從咕嚕咕嚕期後就可以少量嘗試。請選擇無鹽奶油。

咕嚕咕嚕期	▲
小口吞嚥期	●
練習咀嚼期	●
大口享用期	●

橄欖油
橄欖油即使加熱後也不易氧化

等到寶寶習慣奶油後，就可以嘗試橄欖油。橄欖油即使加熱也不易氧化，除了西式餐點之外，其實所有的副食品也都可以運用橄欖油來烹調。

咕嚕咕嚕期	▲
小口吞嚥期	●
練習咀嚼期	●
大口享用期	●

沙拉油（植物油）
等到寶寶習慣奶油後就可以使用沙拉油

橄欖油以外的植物油（米糠油、菜籽油、芝麻油等）都要等到寶寶習慣奶油後再給寶寶嘗試。而亞麻仁油、紫蘇油較不耐熱，使用時請勿加熱、可直接生食。

咕嚕咕嚕期	✗
小口吞嚥期	▲
練習咀嚼期	▲
大口享用期	▲

練習咀嚼期之後可嘗試炸蔬菜、炸雞塊

沒有沾粉的乾炸蔬菜、炸魚肉或炸雞肉可以從練習咀嚼期開始嘗試。不過，市售的油炸物調味都比較重，千萬要留意。

炸肉排、天婦羅要等到滿1歲後再嘗試

由於炸肉排、天婦羅的麵衣會吸收非常多的油脂，請等到大口享用期之後再給寶寶嘗試。若擔心油脂量太多，可剝除麵衣後再給寶寶食用。

● ▲ ✗

366天營養主副食品照著做就對了！

250道 冰磚 + 手指食物 + 親子共食 料理，
主食、副食、配菜、點心快速上桌！

監　　　修	上田玲子	
食 譜 製 作	落合貴子	
譯　　　者	林慧雯	
選　　　書	林小鈴	
主　　　編	陳雯琪	

行 銷 經 理	王維君	
業 務 經 理	羅越華	
總 編 輯	林小鈴	
發 行 人	何飛鵬	
出　　　版	新手父母出版	
	城邦文化事業股份有限公司	
	台北市南港區昆陽街 16 號 4 樓	
	電話：(02) 2500-7008　傳真：(02) 2502-7676	
	E-mail：bwp.service@cite.com.tw	
發　　　行	英屬蓋曼群島商家庭傳媒股份有限公司城邦分公司	
	台北市南港區昆陽街 16 號 8 樓	
	讀者服務專線：02-2500-7718；02-2500-7719	
	24 小時傳真服務：02-2500-1900；02-2500-1991	
	讀者服務信箱 E-mail：service@readingclub.com.tw	
	劃撥帳號：19863813	
	戶名：書虫股份有限公司	
香港發行所	城邦（香港）出版集團有限公司	
	香港九龍土瓜灣土瓜灣道 86 號順聯工業大廈 6 樓 A 室	
	電話：(852) 2508-6231　傳真：(852) 2578-9337	
	E-mail：hkcite@biznetvigator.com	
馬新發行所	城邦（馬新）出版集團 Cite (M) Sdn Bhd	
	41, Jalan Radin Anum, Bandar Baru Sri Petaling,	
	57000 Kuala Lumpur, Malaysia.	
	電話：(603)90563833　傳真：(603)90576622	
	E-mail：services@cite.my	

國家圖書館出版品預行編目 (CIP) 資料

366天營養主副食品照著做就對了！250道冰磚＋手指食物＋親子共食料理，主食、副食、配菜、點心快速上桌！/上田玲子著；林慧雯譯．-- 初版．-- 臺北市：新手父母出版，城邦文化事業股份有限公司出版：英屬蓋曼群島商家庭傳媒股份有限公司城邦分公司發行, 2025.06
　面；　公分
譯自：はじめてママ＆パパの見てマネするだけ３６６日の離乳食
ISBN 978-626-7534-19-9(平裝)
1.CST: 育兒 2.CST: 小兒營養 3.CST: 食譜

428.3　　　　　　　　　114005553

封面設計 / 鍾如娟
版面內頁排版 / 鍾如娟
製版印刷 / 卡樂彩色製版印刷有限公司

2025 年 06 月 03 日 初版 1 刷
Printed in Taiwan 定價 500 元

ISBN：978-626-7534-19-9(平裝)

有著作權・翻印必究（缺頁或破損請寄回更換）

はじめてママ＆パパの見てマネするだけ 366 日の離乳食
©SHUFUNOTOMO CO., LTD. 2021
Originally published in Japan by Shufunotomo Co., Ltd.
Translation rights arranged with Shufunotomo Co., Ltd.
Through Future View Technology Ltd.
Chinese complex translation copyright © Parenting Source Press, a division of Cite Published Ldt.,2025